职业教育改革与创新系列教材

液压与气动技术简明教程

金黎明　王永润　编

机械工业出版社

本书以"以学生为中心，做中教、做中学，教学做合一、心手脑并用"为教学理念，删减了过多、过难的理论知识，仅将内容聚焦在中职学生应知、应会的基础知识上，大大地简化了知识内容，打破了原有的体系，这与中职学生的学习目的和学习状态相符合，使学生通过任务去学习知识和技能，变枯燥的理论学习为主动的探索学习。

本书主要内容包括液压传动和气压传动两部分，讲述了液压传动与气压传动在工程应用过程中常用到的基本知识与技能。

本书可作为中等职业学校、技工院校的教学用书，也可作为相关技术人员的参考用书。

图书在版编目（CIP）数据

液压与气动技术简明教程/金黎明，王永润编. —北京：机械工业出版社，2012.10
职业教育改革与创新系列教材
ISBN 978-7-111-40035-6

Ⅰ. ①液… Ⅱ. ①金… ②王… Ⅲ. ①液压传动—中等专业学校—教材
②气压传动—中等专业学校—教材 Ⅳ. ①TH137 ②TH138

中国版本图书馆 CIP 数据核字（2012）第 241382 号

机械工业出版社（北京市百万庄大街22号 邮政编码100037）
策划编辑：王佳玮 责任编辑：王佳玮
版式设计：霍永明 责任校对：卢惠英
责任印制：乔 宇
三河市宏达印刷有限公司印刷
2013 年 1 月第 1 版第 1 次印刷
184mm×260mm · 7.5 印张 · 164 千字
0001—3000 册
标准书号：ISBN 978 - 7 - 111 - 40035 - 6
定价：16.00 元

前　言

随着我国经济的飞速发展，职业院校（技校）作为我国教育事业的重要组成部分，其作用越来越明显。

中职院校的人才培养目标是一线的高素质劳动者和中初级专门人才。与现代社会相适应的教学方法应是使学生"会学"，而不是"学会"。教学不单是知识的传递，更重要的是知识的处理和转换，以培养学生的创新能力和实际操作能力。依据这一理念，我们组织编写了这本基于任务过程一体化的教材。

本书在编写过程中以够用为原则，尽量避免过深的理论知识，配合大量直观的实物图片，将复杂问题简单化、抽象问题直观化。本书体现了行动导向教学的精髓，"以学生为中心，做中教、做中学，教学做合一、心手脑并用"。强调学生在"做中学，学中做"，注重学生的动手实践活动，本课程建议采用任务驱动法开展教学活动，使学生通过任务去学习知识和技能，变枯燥的理论学习为主动的探索学习。学生化静为动，以动为学；教师化讲为导，以导为教；课堂管理整零为组，以组来学；课堂气氛变接受为探究，化被动为主动。

本书包含液压与气动两部分，液压部分由金黎明编写，气动部分由王永润编写，由金黎明统稿。本书的教学过程建议不低于40学时，各课题建议学时分配见下表：

课　题	学　时	课　题	学　时
课题一　走进液压传动的世界	2	课题七　流量控制阀及速度控制回路	2
课题二　液压系统的动力元件	4	课题八　液压系统综合分析	8
课题三　执行元件——液压缸	4	课题九　走进气压传动的世界	2
课题四　液压辅助元件	2	课题十　学习气动元件	4
课题五　方向控制阀及方向控制回路	2	课题十一　典型气动回路	8
课题六　压力控制阀及压力控制回路	2		
合计		40学时	

由于编者水平有限，书中难免存在错误和疏漏之处，欢迎广大读者批评指正。

编　者

目　　录

前言

课题一　走进液压传动的世界·······1
　活动1　探讨液压传动系统的基本原理·······2
　活动2　认识液压传动系统的组成·······3
　活动3　探讨液压传动的基础知识·······5
　课题内容小结·······6
　课后任务·······6
　知识拓展·······7

课题二　液压系统的动力元件·······11
　活动1　探讨容积式液压泵的工作原理·······12
　活动2　研究液压泵的主要性能参数·······14
　活动3　探讨齿轮泵的工作原理及结构·······15
　活动4　探讨叶片泵的工作原理及结构·······16
　活动5　探讨柱塞泵的工作原理及结构·······17
　活动6　选用液压泵·······19
　课题内容小结·······19
　课后任务·······20
　知识拓展·······20

课题三　执行元件——液压缸·······23
　活动1　学习液压缸的类型及其图形符号·······24
　活动2　探讨活塞式液压缸·······25
　活动3　了解液压缸的技术特点·······26
　课题内容小结·······28
　课后任务·······29
　知识拓展·······29

课题四　液压辅助元件·······31
　活动1　认识液压辅助元件·······32
　活动2　液压系统的安装·······36
　课题内容小结·······38
　课后任务·······38

知识拓展 ·· 38

课题五　方向控制阀及方向控制回路 ······································ 41

活动 1　探讨单向阀的工作原理及用途 ······································ 42

活动 2　探讨换向阀的工作原理 ·· 45

活动 3　分析液压磨床的换向回路 ·· 47

课题内容小结 ·· 48

课后任务 ·· 48

知识拓展 ·· 49

课题六　压力控制阀及压力控制回路 ······································ 51

活动 1　探讨溢流阀的工作原理及用途 ······································ 52

活动 2　探讨减压阀的工作原理及用途 ······································ 56

活动 3　探讨顺序阀的工作原理及用途 ······································ 58

课题内容小结 ·· 59

课后任务 ·· 59

知识拓展 ·· 60

课题七　流量控制阀及速度控制回路 ······································ 63

活动 1　探讨节流阀的工作原理及特点 ······································ 64

活动 2　分析由流量控制阀组成的调速回路 ······························ 67

课题内容小结 ·· 68

课后任务 ·· 68

知识拓展 ·· 69

课题八　液压系统综合分析 ·· 73

活动 1　分析组合机床动力滑台液压系统 ·································· 74

活动 2　分析液压压力机的液压系统 ·· 77

课题内容小结 ·· 80

课后任务 ·· 80

知识拓展 ·· 81

课题九　走进气压传动的世界 ·· 83

活动 1　认识气压传动系统 ·· 84

活动 2　探讨气压传动系统的应用特点 ······································ 86

课题内容小结 ·· 87

课后任务 ·· 88

知识拓展 ·· 88

课题十　学习气动元件 ·· 89

　　活动1　认识气动执行元件 ··· 90

　　知识拓展 ··· 94

　　活动2　进入气动控制阀的世界 ··· 95

　　知识拓展 ··· 97

　　课题内容小结 ·· 99

　　课后任务 ··· 99

课题十一　典型气动回路 ·· 101

　　活动1　学习基本气动回路 ·· 102

　　活动2　一些气动实例 ··· 105

　　知识拓展 ··· 107

　　活动3　设计气动系统 ··· 109

　　课题内容小结 ·· 110

　　课后任务 ··· 110

　　知识拓展 ··· 111

参考文献 ··· 113

课 题 一

走进液压传动的世界

- 活动 1 探讨液压传动系统的基本原理
- 活动 2 认识液压传动系统的组成
- 活动 3 探讨液压传动的基础知识

相对于机械传动，液压传动是一门新的技术。液压传动起源于1654年帕斯卡提出的静压传动原理，经过几百年的发展，尤其是随着科学技术特别是控制技术和计算机技术的发展，液压传动与控制技术在机械中的应用已经非常广泛，可以说到处都能看到它的身影。

说一说： 如图1-1至图1-4所示这些机械设备有何共同点？

图1-1 手动液压托盘搬运车

图1-2 挖掘机

图1-3 剪式液压千斤顶

图1-4 自卸车

 **学习目标**

学完本课题后，应具备以下能力：

1）了解液压传动系统的基本原理。

2）能正确区分液压传动系统的各组成部分并说出其作用。

 活动1 探讨液压传动系统的基本原理

想一想 图1-5所示是液压千斤顶，它用很小的力便能举起很重的重物，你知道它的工作原理吗？

提示：注意观察图 1-6b、c 两图，b 图中的杠杆 1 向_____（上、下）提，油腔 4 容积变_____（大、小），单向阀 8_____（关闭、打开），单向阀 5_____（关闭、打开），油箱 6 中的油液进入油腔_____（4、10）。c 图中的杠杆 1 向_____（上、下）提，油腔 4 容积变_____（大、小），单向阀 8_____（关闭、打开），单向阀 5_____（关闭、打开），油腔 4 经过单向阀 8 进入油腔 10，重物被_____（举起、放下）。

别看我个子小，力气可大呢

图 1-5 手动液压千斤顶

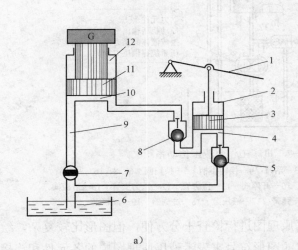

a)

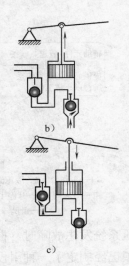

b)

c)

图 1-6 液压千斤顶的工作原理
a）工作原理图 b）泵的吸油过程 c）泵的压油过程
1—杠杆 2—泵体 3、11—活塞 4、10—油腔 5、8—单向阀
6—油箱 7—放油阀 9—油管 12—缸体

液压千斤顶是一个简单的液压传动装置，从其工作过程可以看出液压传动的工作原理，即以油液作为工作介质，通过密封容积的变化来传递运动，通过油液内部的压力来传递动力。由此可见，液压传动系统实际上是一种能量转换装置，整个系统先将机械能转换为液压能，再将液压能转换为机械能。

 ## 活动 2　认识液压传动系统的组成

机床工作台液压传动系统如图 1-7 所示，从机床工作台液压传动系统的工作过程可以看出，一个完整的、能够正常工作的液压传动系统，应该由_____、_____、_____和辅助元件四个主要部分来组成。

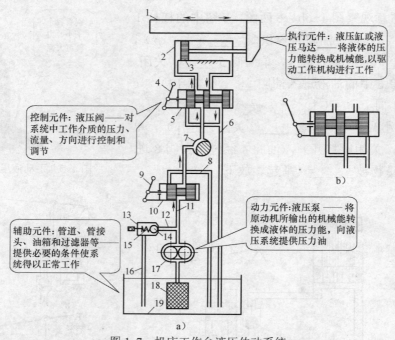

图 1-7　机床工作台液压传动系统

1—工作台　2—液压缸　3—活塞　4—换向手柄　5—换向阀　6、8、16—回油管
7—节流阀　9—开停手柄　10—开停阀　11—压力管　12—压力支管　13—溢流阀
14—钢球　15—弹簧　17—液压泵　18—过滤器　19—油箱

　　当液压系统发生故障时，根据原理图进行检查十分方便，但图形比较复杂，绘制比较麻烦。我国已经制定了一种用规定的图形符号来表示液压原理图中的各元件和连接管路的国家标准，即"液压系统及元件图形符号和回路图　第一部分：用于常规用途和数据处理的图形符号（GB/T786.1—2009）"。图 1-8 所示是用图形符号表示的机床工作台液压系统图。

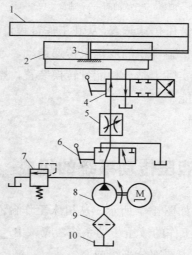

图 1-8　机床工作台液压系统的图形符号

1—工作台　2—液压缸　3—油塞　4—换向阀　5—节流阀
6—开停阀　7—溢流阀　8—液压泵　9—过滤器　10—油箱

活动 3　探讨液压传动的基础知识

想一想　如图 1-9 所示，右边小活塞上用很小的力 F 通过液压系统便能托起左边重的物体。为什么液压系统可以将力放大？又是依靠什么工作介质来传递力？如何选用工作介质？下面就让我们一起探讨这些问题。

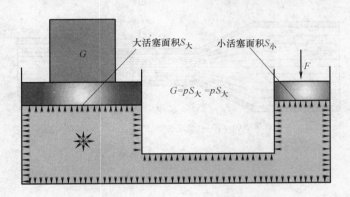

图 1-9　系统内各方向压力相等

1. 液体的静压力及性质

静止液体在单位面积上所受的法向力称为静压力 p。静压力在液压传动中简称压力，在物理学中则称为压强。当在液体的单位面积上受到均匀分布的作用力 F 时，则静压力 p 可表示为

$$p = \frac{F}{A}$$

液体静压力有以下特点：液体静压力垂直于其承压面，其方向和该面的内法线方向一致；静止液体内任一点所受的静压力在各个方向上都相等。

压力的国际单位是 Pa（帕，N/m^2）或 MPa（兆帕，N/mm^2，$1MPa = 10^6Pa$）。除此之外，还有工程中常用的 bar（巴）$1bar = 10^5Pa$。

压力有绝对压力和相对压力两种表示方法，绝对压力是以真空为基准表示的压力，相对压力则是以大气压力作为基准所表示的压力。通常所指的压力是指相对压力。

2. 帕斯卡定律

如图 1-9 所示，帕斯卡定律可表述为盛放在密闭容器内的液体，受到外界压力作用时（自重所形成的那部分压力相对较小，在液压系统中可忽略不计），产生的压力等值传递至整个液体内部各点，即系统内各点压力相同。

3．液流连续性原理

如图 1-10 所示，液体在流动时，通过任一通流横截面的速度、压力和密度不随时间改变的流动称为稳流。反之，速度、压力和密度其中一项随时间而变，就称为非稳流。

对稳流而言，相同时间内，液体以稳流流动通过管内任一截面的液体质量必然相等。

液压系统中通过任一截面的流量是常量——即液流连续性原理。由此还得出另一个重要的基本概念：流动速度取决于流量，而与流体的压力无关。

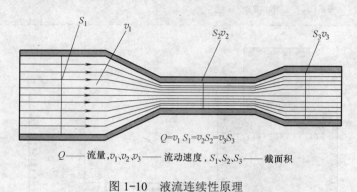

$$Q = v_1 S_1 = v_2 S_2 = v_3 S_3$$

Q——流量，v_1、v_2、v_3——流动速度，S_1、S_2、S_3——截面积

图 1-10　液流连续性原理

【课题内容小结】

1）液压传动的工作原理是：以油液作为工作介质，通过密封容积的变化来传递运动，通过油液内部的压力来传递动力。

2）液压系统由四个部分组成，分别是动力部分、执行部分、控制部分和辅助部分。

3）国家标准规定各种液压元件都可用相应的符号表达，从而简化原理图，便于查找故障。

4）液体静压力垂直于其承压面，其方向和该面的内法线方向一致；静止液体内任一点所受的静压力在各个方向上都相等。

5）帕斯卡定律：盛放在密闭容器内的液体，受到外界压力作用时（自重所形成的那部分压力相对较小，在液压系统中可忽略不计），产生的压力等值传递至整个液体内部各点，即系统内各点压力相同。

6）连续性定理：液体以稳流流动通过管内任一截面的液体质量必然相等。

【课后任务】

想一想，哪些设备采用了液压传动方式，并试着区分系统中各组成部分及作用。通过表 1-1 进行自评。

表1-1　学习自评表

序　号	项　目	配　分	得　分	备　注
1	叙述液压传动工作原理	30		
2	简述液压传动系统的组成	30		
3	能用符号表示液压千斤顶工作原理	20		
4	能说出液压传动的两个定理	20		

 【知识拓展】

一、液压传动技术的应用特点

液压传动技术广泛应用于民用和国防工业中，它与机械传动、电气传动相比，具有以下的主要优点：

1）由于液压传动是管道连接，所以借助油管的连接可以方便、灵活地布置传动机构。

2）液压传动装置的重量轻、结构紧凑、惯性小。

3）可在大范围内实现无级调速。

4）传递运动均匀平稳，负载变化时速度较稳定。

5）液压装置易于实现过载保护。

6）液压传动容易实现自动化。

7）液压元件已实现了标准化、系列化和通用化，便于设计、制造和推广使用。

液压传动系统的主要缺点如下：

1）液压传动不能保证严格的传动比。

2）液压传动对油温的变化比较敏感，不宜在温度变化很大的环境条件下工作。

3）液压元件的配合件制造精度要求较高，加工工艺较复杂。

4）液压传动要求有单独的能源，不像电源那样使用方便。

5）液压系统发生故障不易检查和排除。

总之，液压传动的优点是主要的，随着设计、制造和使用水平的不断提高，有些缺点正在逐步得到克服。液压传动有着广泛的发展前景。

二、液压油的性质及选用

在液压传动系统中，力的传递是依靠液体来完成的，液体是液压传动系统中的工作介质。在实际的液压传动系统中，常用油类作为工作介质，这种油称为液压油。

1. 液压油的性质

（1）密度　单位体积液体的质量称为该液体的密度。密度是液体的一个重要参数。随着温度和压力的变化，其密度也会发生变化，但变化量一般很小，在实际应用时一般忽略不计。

（2）可压缩性　液体受压力作用从而发生体积变小的性质称为液体的可压缩性。

对一般液压系统，可认为液压油是不可压缩的。需要说明的是，当液压油中混入空气时，其可压缩性将明显增加，且会影响液压系统的工作性能。

（3）粘性　液体在外力作用下流动时，液体内部分子间的内聚力会阻碍分子的相对运动，即分子间会产生一种内摩擦力，这一特性称为液体的粘性。粘性是选择液压油的一个重要参数。

2. 液压油的分类与选用

液压油的品种由其代号和后面的数字表示，代号中 L 是石油产品的总分类号"润滑剂和有关产品"，H 表示液压系统用的工作介质，数字表示为该工作介质的某个粘度等级。石油型液压油是最常用的液压系统工作介质，其分类及应用见表 1-2。

表 1-2　石油型液压油

分　类	代　号	组成和特性	应　用
精制矿物油	L—HH	无抑制剂的精制矿油	循环润滑油，低压液压系统
普通液压油	L—HL	精制矿油，并改善其耐锈和耐氧化性	一般液压系统
抗磨液压油	L—HM	HL 油，并改善其抗磨性	低、中、高压液压系统，特别适合于有防磨要求、带叶片泵的液压系统
低温液压油	L—HV	HM 油，并改善其粘温特性	能在-40℃~-20℃的低温环境中工作，用于户外工作的工程机械和船用设备的液压系统
高粘度指数液压油	L—HR	HL 油，并改善其粘温特性	粘温特性优于 L—HV 油，用于数控机床液压系统和伺服系统
液压导轨油	L—HG	HM 油，并具有粘-滑特性	适用于导轨和液压系统共用一种油品的机床，对导轨有良好的润滑性能和防爬性
其他液压油		加入多种添加剂	用于高品质的专用液压系统

三、常见术语

1. 压力损失

由于液体具有粘性，在管路中流动时又不可避免地存在着摩擦力，所以液体在流动过程中必然要损耗一部分能量。这部分能量损耗主要表现为压力损失。

压力损失有沿程损失和局部损失两种。沿程损失是当液体在直径不变的直管中流过一段距离时，因摩擦而产生的压力损失。局部损失是由于管路截面形状突然变化、液流方向改变或其他形式的液流阻力引起的压力损失。总的压力损失等于沿程损失和局部损失之和。由于压力损失的必然存在，泵的额定压力要略大于系统工作时所需的最大工作压力，一般可将系统工作所需的最大工作压力乘以 1.3~1.5 的系数来估算。

2. 流量损失

在液压系统中，各被压元件都有相对运动的表面，如液压缸内表面和活塞外表面，因为要有相对运动，所以它们之间都有一定的间隙。如果间隙的一边为高压油，另一边为低压油，则高压油就会经间隙流向低压区从而造成泄漏。同时，由于液压元件密封不完善，一部分油液也会向外部泄漏。这种泄漏造成实际流量有所减少，这就是我们所说的流量损失。

流量损失会影响速度，而泄漏又难以绝对避免，所以在液压系统中，泵的额定流量要略大于系统工作时所需的最大流量。通常也可以用系统工作所需的最大流量乘以 1.1~1.3 的系数来估算。

3. 液压冲击

（1）原因　执行元件换向及阀门关闭使流动液体因惯性流动，或某些液压元件反应动作不够灵敏而产生瞬时压力峰值称为液压冲击。其峰值可超过工作压力的几倍。

（2）危害　引起振动，产生噪声；使继电器、顺序阀等压力元件产生错误动作，甚至造成某些元件、密封装置和管路损坏。

（3）预防措施　找出冲击原因，避免液流速度急剧变化。延缓速度变化的时间，估算出压力峰值，采取相应措施。如将液动换向阀和电磁换向阀联用，可有效地防止液压冲击。

4. 气穴现象

（1）现象　如果液压系统中渗入空气，液体中的气泡随着液流运动到压力较高的区域时，气泡在较高压力作用下将迅速破裂，从而引起局部液压冲击，造成噪声和振动。另外，由于气泡破坏了液流的连续性，降低了油管的通油能力，造成流量和压力的波动，使液压元件承受冲击载荷，影响其使用寿命。

（2）原因　液压油中含有一定量的水分，通常可溶解于油中，也可以气泡的形式混合于油中。当压力低于空气分离压力时，溶解于油中的空气分离出来，形成气泡；当压力降至油液的饱和蒸气压力以下时，油液会沸腾而产生大量气泡。这些气泡混杂于油液中形成不连续状态，这种现象称为气穴现象。

（3）部位　吸油口及吸油管中低于大气压处易产生气穴；油液流经节流口等狭小缝隙处时，由于速度的增加，使压力下降，也会产生气穴。

（4）危害　气泡随油液运动到高压区，在高压作用下迅速破裂，造成体积突然减小，周围高压油高速流过来补充，引起局部瞬间冲击，压力和温度急剧升高并产生强烈的噪声的振动。

（5）预防措施　要正确设计液压泵的结构参数和泵的吸油管路，尽量避免油道狭窄和急弯，防止产生低压区；合理选用机件材料，增加机构强度、提高表面质量、提高耐蚀能力。

5. 气蚀现象

（1）原因　气穴伴随着气蚀发生，气穴产生的气泡中的氧也会腐蚀金属元件的表面，我们把这种因发生气穴现象而造成的腐蚀称为气蚀。

（2）部位　气蚀现象可能发生在液压泵、管路，以及其他具有节流装置的地方，特别是液压泵装置，这种现象最为常见。气蚀现象是液压系统产生各种故障的原因之一，特别在高速、高压的液压设备中更应注意。

气蚀现象的危害和措施与气穴现象相同。

课 题 二

液压系统的动力元件

- 活动 1　探讨容积式液压泵的工作原理
- 活动 2　研究液压泵的主要性能参数
- 活动 3　探讨齿轮泵的工作原理及结构
- 活动 4　探讨叶片泵的工作原理及结构
- 活动 5　探讨柱塞泵的工作原理及结构
- 活动 6　选用液压泵

液压泵是液压系统的动力元件，也是能量转换装置，它将原动机（电动机或内燃机，当然也包括手动装置）输出的机械能转化为液体传递的压力能，为执行元件提供动力。液压泵在液压系统中占极其重要的地位，其性能的好坏直接影响到液压系统工作的稳定性和可靠性等。

说一说： 如图 2-1 所示注射器的工作原理是什么。

> 我可以将药水从药瓶里吸出并注入病人的体内，从而治病救人。你知道我的工作原理吗？

图 2-1　注射器

学习目标

学完本课题后，应具备以下能力：

1）说出液压系统动力元件的基本原理。

2）叙述液压泵的主要性能参数及符号。

3）说出齿轮泵的结构特点及工作原理。

4）说出叶片泵的结构特点及工作原理。

5）说出柱塞泵的结构特点及工作原理。

6）根据不同的压力选用液压泵。

活动 1　探讨容积式液压泵的工作原理

容积式液压泵是依靠密封容积变化的原理进行工作的，常用液压泵一般均为容积式液压泵。

图 2-2 所示是一单柱塞液压泵的工作原理图。请仔细观察图片，结合注射器的工作原理，想一想容积式液压泵的工作原理是什么？

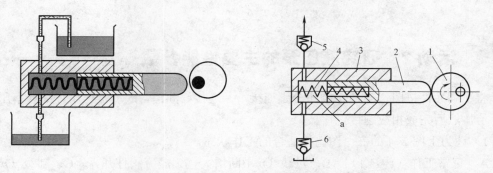

图 2-2 液压泵工作原理

1—偏心轮 2—柱塞 3—缸体 4—弹簧 5、6—单向阀

1. 液压泵的工作过程

1）弹簧 4 使柱塞 2 始终_____在偏心轮 1 的外圆轮廓上。

2）偏心轮 1 使单柱塞液压泵的密封工作腔产生_____变化，从而实现_____和_____两动作。

3）吸油时，油液在大气压作用下从油箱被往上吸，此时单向阀 6 的状态为_____，而单向阀 5 却是_____；反之，压油时，单向阀 6 也是关闭的，而单向阀 5 在油压作用下打开，油液被输送到液压系统。

2. 容积泵必须具备的特征

1）具有若干个交替变化的_____容积。

2）具有相应的配流装置。

3）吸油过程中，油箱必须和_____相通。

3. 液压泵的常用种类和图形符号

目前常用的液压泵有齿轮式液压泵、叶片式液压泵和柱塞式液压泵等。按照输油方向能否改变可分单向泵和双向泵；根据排量能否改变可分定量泵和变量泵；按额定压力的高低，又可以分为低压泵、中压泵和高压泵三类。

液压泵的图形符号如图 2-3 所示。

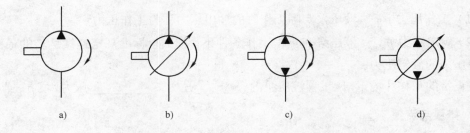

图 2-3 液压泵的图形符号

a）单向定量泵 b）单向变量泵 c）双向定量泵 d）双向变量泵

活动2 研究液压泵的主要性能参数

将下列元件按图 2-4 所示顺序分别连接，并连接好油箱，起动液压泵仔细观察压力表的示值，然后完成相应题目。

1）请为上图 2-4 的三个图选择适合的工作状态。

A．正常工作（$p=F/A$）　　B．过载（p 不断增大直到溢流阀打开）　　C．卸载（$p=0$）

2）通过实验可知，工作压力的大小取决于_____的大小和排油管路上的压力损失，与液压泵的流量无关。

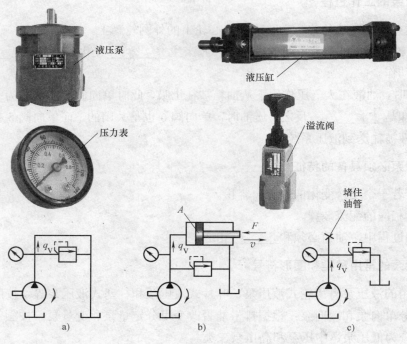

图 2-4　液压泵三种工作状态

1．压力

（1）工作压力 $p_\text{工}$　　液压泵实际工作时的输出压力称为工作压力。

（2）额定压力 $p_\text{额}$　　液压泵在正常工作条件下，按试验标准规定连续运转的最高压力称为液压泵的额定压力。

在正常的工作环境下，应设置液压泵的_____压力≤_____压力（填 $p_\text{工}$ 或 $p_\text{额}$）。

2．排量与流量

（1）排量 V　　液压泵每转一周排出液体的体积称为液压泵的排量。排量可调节的液压泵称为变量泵；排量为常数的液压泵则称为定量泵。

（2）流量 Q 液压泵在某一具体工况下，单位时间内所排出的液体体积称为实际流量。下例可说明液压泵的流量 Q 与排量 V 的关系。

某液压泵的排量 V 为 $20mL^3/r$，泵的主轴转速 n 为 $500r/min$，则每分钟的流量 Q 为

$$Q = Vn = 20mL^3/r \times 500r/min = 10^4 mL^3/min$$

若要把一只容积为 $0.05m^3$ 的水桶装满，需要 ＿＿＿＿ min。

排量与流量是液压泵的主要性能参数，在实际工作中会经常用到，请读者注意。

活动 3　探讨齿轮泵的工作原理及结构

齿轮泵是液压系统中广泛采用的一种液压泵，它是利用齿轮的啮合原理，使其密封工作腔产生容积变化，从而实现吸油和压油。齿轮泵一般做成定量泵，按结构不同，齿轮泵分为外啮合齿轮泵和内啮合齿轮泵，其中外啮合齿轮泵应用最广泛。

齿轮泵具有结构简单、体积小、自吸性能好、对油污不敏感、可靠和维护方便等优点，因而获得广泛应用。其缺点是流量脉动大、流量不可调、泄漏大等。由于泄露的问题，齿轮泵一般只用作低压泵。

拆装外啮合齿轮泵，如图 2-5 和图 2-6 所示，探讨齿轮泵的工作原理及结构特征。

图 2-5　齿轮泵及其主要零件

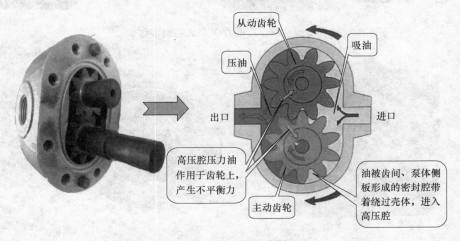

图 2-6　齿轮泵的工作原理

齿轮泵的工作原理：

1）吸油：吸油腔中的轮齿脱开，工作腔容积_____，由此产生瞬间真空，液压油在大气压力下被_____吸油腔，工作腔转动，油液被带到密封工作腔中再转移到另一侧的_____中。

2）压油：当油液被带到压油腔中时，轮齿啮合，工作腔容积_____，油液受挤压被_____压油腔中，而此时又有新的油液被带到压油腔，油液由此从压油口压出。

活动4 探讨叶片泵的工作原理及结构

叶片泵是利用叶片之间的密封工作腔产生容积变化来实现吸油和压油的。根据各密闭工作容积在转子旋转一周吸、压油液次数的不同，叶片泵分为两类，即旋转一周完成一次吸、压油的单作用叶片泵和完成两次吸、压油的双作用叶片泵。

叶片泵的优点是流量均匀、脉动小、运转平稳、噪声小等。

叶片泵的缺点是吸油能力差、结构复杂、对油液的污染比较敏感等。

拆装双作用叶片泵，如图 2-7 所示。探讨叶片泵的工作原理及结构特征，如图 2-8 所示。

图 2-7 双作用叶片泵及其主要零件

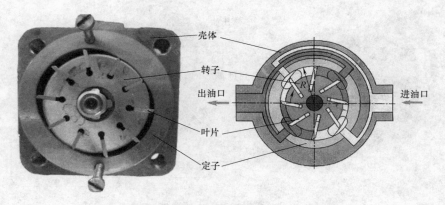

图 2-8 双作用叶片泵的工作原理

1．双作用叶片泵

1）转子如图2-8所示，顺时针转动，因为存在半径差，在_____、_____象限内密封腔容积由小增大，形成_____。当转子转到_____、_____象限时，密封腔容积减小，油液变为压力油，形成_____。

2）叶片能在叶片槽内自由的伸缩，槽中不设弹簧，只是靠转子的旋转，使叶片在_____力作用下紧贴定子内壁。

3）观察图2-8可知，此泵的转子在旋转一周内完成_____次吸油和压油，故称为双作用叶片泵。由于泵的密封腔的变化量不能改变，以及压力流动方向不能改变，所以双作用叶片泵为_____泵。

2．单作用叶片泵

如图2-9所示，单作用叶片泵与双作用叶片泵显著不同的是，单作用叶片泵的定子内表面是圆形，转子与定子间有一偏心量 e，两端的配流盘上只开有一个吸油窗口和一个压油窗口。

观察图2-9所示的工作原理图，由于_____的减小，泵的流量也相应减小。由此可知，改变_____的大小，就可以改变泵的排量，所以单作用叶片泵可以作为_____泵。一般情况下，单作用叶片泵只作为单向泵用。

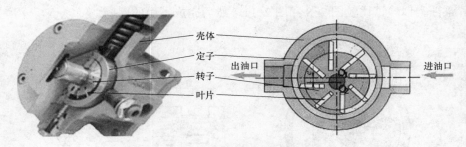

图2-9　单作用叶片泵的工作原理

活动5　探讨柱塞泵的工作原理及结构

柱塞泵是靠柱塞在缸体中作往复运动，使密封容积变化来实现吸油与压油的液压泵。与齿轮泵和叶片泵相比，这种泵有以下特点。

优点：密封性能好、适合高压、有较高的容积效率、易于实现变量等。

缺点：结构复杂，成本较高。

1．轴向柱塞泵

柱塞在泵体内以平行轴向排列的柱塞泵称为轴向柱塞泵。轴向柱塞泵可分为斜盘式和斜轴式两大类。下面以图2-10所示斜盘式轴向柱塞泵为例来说明其工作原理。

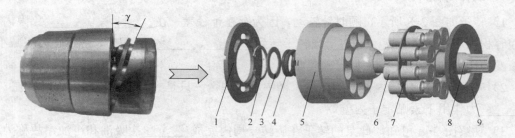

图 2-10　斜盘式轴向柱塞泵

1—配油盘　2—卡簧　3—密封圈　4—轴承　5—缸体　6—柱塞　7—保持架　8—传动轴　9—可调斜盘

1）泵体在转动轴的带动下旋转，柱塞在斜盘的作用下在槽内作往复运动，从而使封闭的工作腔产生变化。由此可知，只需要改变＿＿＿＿＿＿＿＿的大小，即可改变封闭容积的变化大小，即改变排量。

2）若改变倾斜角 γ 的方向，即可使配流盘的＿＿＿＿＿＿方向改变。

3）从上述可知，轴向柱塞泵为＿＿＿＿＿＿泵。

2. 径向柱塞泵

柱塞在泵体内径向排列的柱塞泵称为径向柱塞泵。径向柱塞泵的结构和工作原理与单作用叶片泵很类似。试比较图 2-8 和图 2-11，然后完成下面的问题。

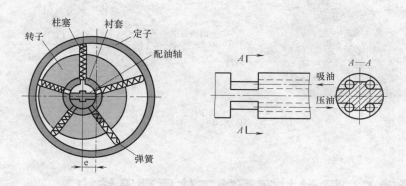

图 2-11　径向柱塞泵的工作原理

1）叶片泵的两叶片之间形成工作腔，而径向柱塞泵的工作腔则是由＿＿＿＿＿＿＿＿和＿＿＿＿＿＿＿＿之间形成。

2）由于密封性的问题，柱塞不能靠转子的转动惯性来自由伸缩，必须要靠槽内的＿＿＿＿＿＿＿＿＿来使柱塞紧贴定子内壁。

3）与单作用叶片泵比较可知，径向柱塞只要改变＿＿＿＿＿＿＿＿的大小，则可改变其排量。另外，改变＿＿＿＿＿＿＿＿的正负，则可改变油口的方向，所以此泵可以做成单向泵也可做成＿＿＿＿＿＿＿＿。

活动 6 选用液压泵

1. 完成下列选择

请根据表 2-1，在不同环境下选择适合的液压泵（可多选）。

系统需要变化的流量，可以选择（   ）；在筑路机械、港口机械，以及小型工程机械等工况较差的液压系统，则选（   ）；能源有限，需要效率在 90% 以上的液压可选（   ）；中低压液压系统的机床适宜用（   ）；大型、重型机械应选用（   ）。

A. 齿轮泵   B. 单作用叶片泵   C. 双作用叶片泵

D. 轴向柱塞泵   E. 径向柱塞泵

2. 主要性能比较

各类液压泵的主要性能见表 2-1。

表 2-1 液压泵的主要性能

项目 \ 类型	齿轮泵	双作用叶片泵	限压式变量叶片泵	轴向柱塞泵	径向柱塞泵	螺杆泵
工作压力/MPa	≤20	6.3～21	≤7	20～35	10～20	<10
容积效率	0.70～0.95	0.80～0.95	0.80～0.90	0.90～0.98	0.85～0.95	0.75～0.95
总效率	0.60～0.85	0.75～0.85	0.70～0.85	0.85～0.95	0.75～0.92	0.70～0.85
流量调节	不能	不能	能	能	能	不能
流量脉动率	大	小	中等	中等	中等	很小
自吸特性	好	较差	较差	较差	差	好
对油污染敏感性	不敏感	敏感	敏感	敏感	敏感	不敏感
噪声	大	小	较大	大	大	很小
单位功率造价	低	中等	较高	高	高	较高
应用范围	机床、工程机械、农业机械、航空、船舶、一般机械	机床、注射机、压力机、起重运输机械、工程机械、飞机	机床、注射机	工程机械、锻压机械、起重运输机械、矿山机械、冶金机械、船舶、飞机	机床、压力机、船舶机械	精密机床、精密机械、食品机械、化工机械、石油机械、纺织机械

【课题内容小结】

1）液压泵是系统的动力元件，它把机械能转化为液压能。容积式液压泵是利用密封容积的变化来实现吸油和压油的。

2）工作压力为液压泵实际工作时的输出压力，其大小取决于负载的大小和排油管路上的压力损失，与液压泵流量无关。排量是液压泵的重要参数，排量 V 与流量 Q，以及液压泵主轴转速的关系为 $Q = Vn$。

3）根据构件形状及运动形式，液压泵可分齿轮泵、叶片泵和柱塞泵。其中单作用叶片泵、轴向和径向柱塞泵都可作为变量泵，常用的双向泵有柱塞泵。

4）必须根据是否要求变量、工作压力、工作环境、噪声指数和效率等来选择适合的液压泵。如在负载大、功率大的场合往往选择柱塞泵。

【课后任务】

想一想，如何来选择液压泵？通过表 2-2 进行自评。

表 2-2　学习自评表

序　号	项　目	配　分	得　分	备　注
1	说出液压系统动力元件的基本原理	10		
2	叙述液压泵的主要性能参数及符号	10		
3	说出齿轮的结构特点及工作原理	20		
4	说出叶片泵的结构特点及工作原理	20		
5	说出柱塞泵的结构特点及工作原理	20		
6	根据不同的压力选用液压泵	20		

【知识拓展】

一、液压泵的分类

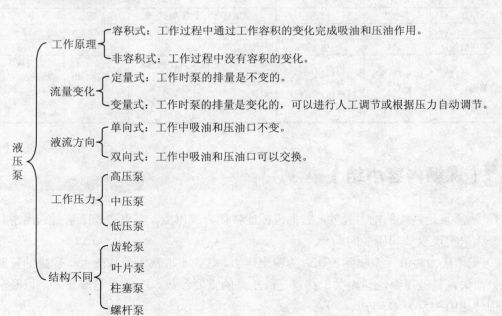

二、液压泵的噪声

液压传动同其他机械传动一样，在工作时会发出噪声，噪声过大会对人体将产生伤害，因此，我们有必要了解液压传动系统中噪声的产生原因及控制方法。

1. 产生噪声的原因

液压泵的噪声大小和液压泵的种类、结构、大小、转速，以及工作压力等很多因素有关。

1）泵的流量脉动和压力脉动造成泵构件的振动。这种振动有时还可能产生谐振。谐振频率可以是流量脉动频率的数倍或更大，泵的基本频率及其谐振频率若和机械的或液压的自然频率相一致，则噪声便大大增加。研究结果表明，转速增加对噪声的影响一般比压力增加还要大。

2）泵的工作腔从吸油腔突然和压油腔相通，或从压油腔突然和吸油腔相通时，产生的油液流量和压力突变，对噪声的影响甚大。

3）气穴现象。当泵吸油腔中的压力小于油液所在温度下的空气分离压力时，溶解在油液中的空气析出而变成气泡，这种带有气泡的油液进入高压腔时，气泡被击破，形成局部的高频压力冲击，从而产生噪声。

4）泵内流道截面突然扩大和收缩，急拐弯，通道截面过小会导致液体紊流、漩涡及喷流，使噪声加大。

5）由于机械原因，如转动部分不平衡、轴承接触不良、泵轴的弯曲等，会产生机械振动引起的机械噪声。

2. 降低噪声的措施

1）消除液压泵内部油液压力的急剧变化。

2）为吸收液压泵流量及压力脉动，可在液压泵的出口装置消声器。

3）装在油箱上的泵应使用橡胶垫减振。

课 题 三

执行元件——液压缸

活动 1　学习液压缸的类型及其图形符号

活动 2　探讨活塞式液压缸

活动 3　了解液压缸的技术特点

液压执行元件的功能是将液压系统中的压力能转换为机械能，以驱动外部工作部件。常用的液压执行元件有液压缸和液压马达。液压缸实现的是往复直线运动，液压马达实现的是旋转运动。本课题主要介绍液压缸的相关知识。

学习目标

学完本课题后，应具备以下能力：

1）正确区分液压缸的类型并画出其图形符号。

2）说出活塞式液压缸的工作原理。

3）叙述液压缸的技术特点。

活动 1　学习液压缸的类型及其图形符号

1. 液压缸的种类

液压缸有多种类型（图 3-1），按结构形式分为活塞式、柱塞式和摆动缸，按作用方式又可分为单作用式和双作用式，按伸出杆数可分为双杆式和单杆式等。

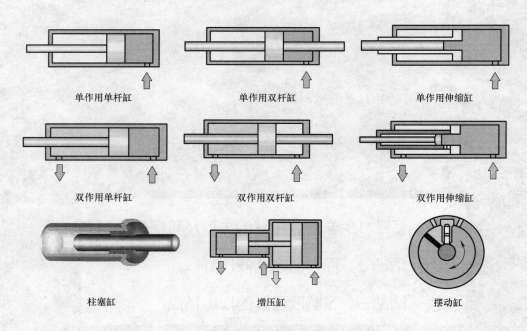

图 3-1　液压缸的分类

单作用液压缸只有一个方向由液压驱动，如伸出动作，但反向运动则不行，请为单作用液压缸的缩回动作设计可行方案（写在横线上或画出简图）：

_____

_____

_____

_____

2．液压缸的图形符号

如图 3-2 所示，请根据已知图形符号，补充其他的图形符号。

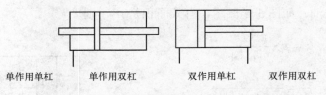

单作用单杠　　单作用双杠　　双作用单杠　　双作用双杠

图 3-2　活塞式液压缸图形符号

活动 2　探讨活塞式液压缸

活塞式液压缸应用较为广泛，下文将作简单介绍。

1．拆装双作用单杆液压缸

拆装双作用单杆液压缸，如图 3-3 所示，仔细观察它的内部结构并探讨它的工作原理。

图 3-3　单杆液压缸的结构

组成活塞式液压缸的主要零件有活塞、活塞杆、密封圈、缸筒和端盖等。_____将缸筒与两端盖形成的空腔一分为二。油液可以分别进入这两个腔，从而推动活塞运动。

2．分析双作用单杆液压缸工作时的速度与推力

观察图 3-4 至图 3-6，想一想，在流量 q_V 相同的情况下，各缸的杆伸出的速度为何不同？

1）无杆腔进油。如图 3-4 所示，有效面积是 A_1，则

$$F_1 = p_1 A_1 = p_1 \times \frac{\pi D^2}{4}$$

$$v_1 = \frac{q_V}{A_1} = \frac{4q_V}{\pi D^2}$$

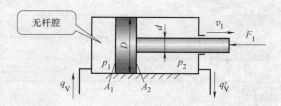

图 3-4　无杆腔进油

2）有杆腔进油。如图 3-5 所示，有效面积是 A_2，则

$$F_2 = pA_2 = p \times \frac{\pi(D^2 - d^2)}{4}$$

$$v_2 = \frac{q_V}{A_2} = \frac{4q_V}{\pi(D^2 - d^2)}$$

3）差动连接。如图 3-6 所示，单活塞杆缸两腔同时通压力油，由此可得

$$p_1 = p_2，A_1 > A_2$$

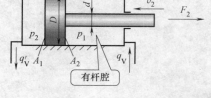

图 3-5　有杆腔进油

那么，向右的作用力 $F_1 = p_1 A_1$ 大于向左的作用力 $F_2 = p_2 A_2$，活塞伸出运动。此时，有杆腔排出油液流入无杆腔，加大了左腔的流量，从而加快了活塞移动的速度。若不考虑损失，差动缸活塞推力 F_3 和运动速度 v_3 为

$$F_3 = p(A_1 - A_2) = p\frac{\pi d^2}{4}$$

$$v_3 = \frac{q_V + q'_V}{A_1} = \frac{q_V + \frac{\pi}{4}(D^2 - d^2)v_3}{\frac{\pi D^2}{4}}$$

整理得

$$v_3 = \frac{4q_V}{\pi d^2}$$

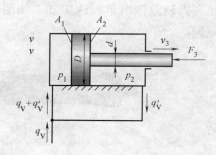

图 3-6　差动连接

液压缸的活塞杆是在油压作用下推动负载运动的，所以活塞的移动速度就由进入液压缸的油液的移动速度来决定。而无杆腔的容积比有杆腔的容积_____，所以比有杆腔进油时杆伸出的速度相应较_____。差动连接中，由于补充的油液，所以进入液压缸的_____较大，所以速度最快，但推力较小，用于工作机构的快进，而不增加泵的容量和功率。

活动 3　了解液压缸的技术特点

1. 密封装置

密封装置主要用于防止液压油的泄漏。常见的密封方法有以下几种：

（1）间隙密封　间隙密封如图 3-7 所示。

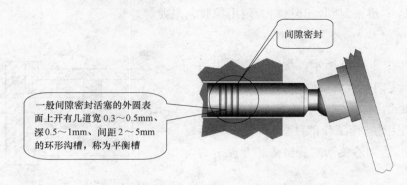

间隙密封

一般间隙密封活塞的外圆表面上开有几道宽 0.3～0.5mm、深 0.5～1mm、间距 2～5mm 的环形沟槽，称为平衡槽

图 3-7　间隙密封

间隙密封（平衡槽）的作用是：

1）使活塞能自动对中，减小摩擦力。

2）增大了油液泄漏的阻力，减小了偏心量，提高了密封性能。

3）储存油液，使活塞能自动润滑。

这种密封方法只适用于低压、小直径的快速液压缸中。

（2）活塞环密封　活塞环密封如图 3-8 所示。

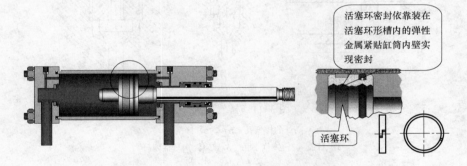

活塞环密封依靠装在活塞环形槽内的弹性金属紧贴缸筒内壁实现密封

活塞环

图 3-8　活塞环密封

这种密封方法适用于高压、高速和高温的动密封场合。

（3）密封圈密封　密封圈密封如图 3-9 所示。

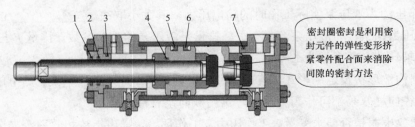

密封圈密封是利用密封元件的弹性变形挤紧零件配合面来消除间隙的密封方法

图 3-9　密封圈密封
1、2、3、4、7—O 形密封圈　5、6—Y 形密封圈

密封圈有 O 形、V 形、Y 形及组合式等数种，如图 3-9 所示 1、2、3、4、7 是 O 形密封圈，5、6 是 Y 形密封圈，其材料为耐用橡胶、尼龙等。

2. 缓冲装置

缓冲原理如图 3-10 所示，缓冲装置利用活塞或缸筒在其走向行程终端时，封住活塞和缸盖之间的部分油液，强迫它从小孔或细缝中挤出，以产生很大的阻力，使工作部件受到制动，逐渐减慢运动速度，达到避免活塞和缸盖相互撞击的目的。

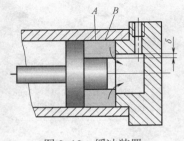

图 3-10 缓冲装置

3. 排气装置

在安装过程中或长时间停放后重新工作时，液压缸里和管道系统中会渗入空气，为了防止执行元件出现爬行、噪声和发热等不正常现象，需把缸中和系统中的空气排出，此时就要用到排气装置如图 3-11 所示。

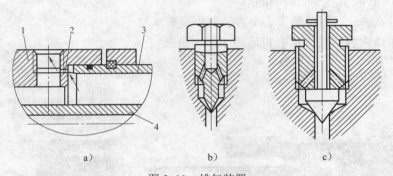

a)   b)   c)

图 3-11 排气装置

a) 高处的排气孔 b)、c) 排气阀
1—缸盖 2—排气小孔 3—缸体 4—活塞杆

【课题内容小结】

1）液压缸是系统的执行元件，它把液压能转化为机械能。

2）工作压力为液压泵实际工作时的输出压力，其大小取决于_____的大小和排油管路上的压力损失，与液压泵流量无关。排量是液压泵的重要参数，排量 V 与流量 Q 以及液压泵主轴转速 n 的关系为 $Q=Vn$。

3）根据构件形状及运动形式，液压泵可分齿轮泵、叶片泵和柱塞泵。其中单作用叶片泵、轴向和径向柱塞泵都可作为变量泵，常用双向泵有柱塞泵。

4）必须要根据是否要求变量、工作压力、工作环境、噪声指数和效率等来选择适合的液压泵，如在负载大、功率大的场合往往选择柱塞泵。

【课后任务】

1）想一想，哪些地方用到了液压缸，它是什么类型的？

2）若双杆活塞式液压缸两侧的杆径不等，当两腔同时通入液压油时，活塞能否运动？如左、右两侧杆径为 d，且杆固定，当输入压力油压力为 p，流量为 q 时，问缸向哪个方向运动？速度、推力各为多少？

通过表 3-1 自评。

表 3-1 学习自评表

序 号	项 目	配 分	得 分	备 注
1	说出液压缸的基本原理	20		
2	叙述液压缸的主要性能参数及符号	20		
3	通过系统压力表指示值，计算液压缸推力	30		
4	根据不同的要求正确选用液压缸	30		

【知识拓展】

液 压 马 达

液压马达是使负载作连续旋转的执行元件，其内部构造与液压泵类似，也是靠密封容积的变化进行工作的。其工作原理上是互逆的，差别在于液压泵的旋转是由电动机所带动，输出的是液压油；液压马达则是输入液压油的压力和流量，输出的是转矩和转速。因此，液压马达和液压泵在细部结构上存在一定的差别。在生产实际中只有少数泵能做马达使用。

1. 液压马达的工作原理

如图 3-12 所示的轴向柱塞马达，当通高压油时，受油压作用柱塞被顶出，压在斜面上，斜盘对柱塞产生一反作用力 N，其径向分力 T 通过柱塞作用在缸体上，相对于缸体中心产生一力矩，使缸体带动传动轴转动，从而将液压能转化为旋转机械能。

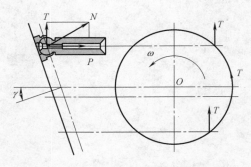

图 3-12 轴向柱塞马达

2．液压马达的分类

常见的液压马达也有齿轮式、叶片式和柱塞式等几种主要形式。从转速转矩范围来分，又分为高速马达和低速大转矩马达两种。

高速液压马达的额定转速高于 500r/min，其基本形式有齿轮式、螺杆式、叶片式和轴向柱塞式等。高速液压马达的主要特点是转速高、转动惯量小，便于启动和制动。通常高速液压马达输出转矩不大（仅几十牛米到几百牛米），所以又称为高速小转矩马达。

低速液压马达的额定转速低于 500r/min，其基本形式是径向柱塞式。低速液压马达的主要特点是排量大、体积大、转速低（可达每分种几转甚至零点几转）、输出转矩大（可达几千牛米到几万牛米），所以又称为低速大转矩液压马达。

3．液压马达的设计要求

1）在一般工作条件下，液压马达的进、出口压力都高于大气压，因此不存在液压泵那样的吸入性能问题。但是，液压马达可能在泵的工况下工作，它进油口应有最低压力限制，以免产生气蚀。

2）液压马达应能正、反转。因此，就要求液压马达在设计时具有结构上的对称性。

3）液压马达的实际工作压差取决于负载力的大小，当被驱动负载的转动惯量大、转速高，并要求急速制动或反转时，会产生较高的液压冲击。为此，应在系统中设置必要的安全阀、缓冲阀。

4）由于内部泄漏不可避免，因此将马达的排油口关闭而进行制动时，仍会缓慢地滑转。需要长时间精确制动时，应另行设备防止滑转的制动器。

5）某些类型的液压马达必须在回油口具有足够的背压才能保证正常工作，并且转速越高所需背压也越大，背压的增高意味着油源的压力利用率低，系统的损失大。

课题四

液压辅助元件

- 活动 1　认识液压辅助元件
- 活动 2　液压系统的安装

液压系统中的辅助元件主要包括管件、密封元件、过滤器、蓄能器、测量仪表和油箱等。它们对保证液压系统可靠而稳定地工作具有非常重要的作用。由于液压传动系统的标准化、系列化和通用化程度较高，因而在实际设计、安装、调试和使用中，连接和密封等辅助性工作所占的比重越来越大，也较易出现问题。

 学习目标

学完本课题后，应具备以下能力：

1）说出液压辅助元件的种类及用途。

2）按要求完成管路连接。

3）根据实际情况合理选用液压辅助元件。

4）按要求连接液压系统。

 活动 1　认识液压辅助元件

1．油箱

（1）油箱的功用与分类

1）油箱的主要功用：储存液压系统工作所需的足够油液；散发系统工作中产生的热量；沉淀污物并逸出油中气体。

2）按油箱液面是否与大气相通，油箱可分为开式油箱和闭式油箱。开式油箱广泛用于一般的液压系统；闭式油箱则用于水下和高空无稳定气压或对工作稳定性与噪声有严格要求的场合。此处仅介绍开式油箱。

（2）油箱的结构　油箱的典型结构如图 4-1 所示，油箱内部用隔板 7、9 将吸油管 1 与回油管 4 隔开。顶部、侧部和底部分别装有滤油网 2、油位计 6 和排放污油的放油阀 8。安装液压泵及其驱动电动机的上盖 5 则固定在油箱顶面上。

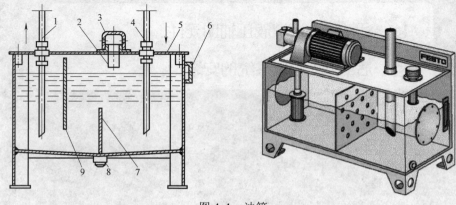

图 4-1　油箱
1—吸油管　2—滤油网　3—盖　4—回油管　5—上盖　6—油位计　7、9—隔板　8—放油阀

2．管件

图 4-2 所示管件是用来连接液压元件、输送液压油液的连接件，包括油管和管接头。管件要求有足够的强度，密封性能好，绝对不允许泄漏。油液流经管件时的压力损失要小，且装拆方便。

图 4-2　液压管件

油管的管径不宜选得过大，以免使液压装置的结构庞大；但也不能选得过小，以免使管内液体流速加大，系统压力损失增加或产生振动和噪声，影响正常工作。

在保证强度的情况下，管壁可尽量选得薄些。薄壁管件易于弯曲，规格较多，装接较易，采用它可减少管接头数目，有助于解决系统泄漏的问题。

（1）油管的种类　表 4-1 为各类油管的特点及应用场合，供选择时参考。

表 4-1　各种油管的特点及应用场合

种　类		特点和应用场合
硬管	钢管	能承受高压，价格低廉，耐油、耐腐蚀、刚性好，但装配时不能任意弯曲，常在装拆方便处用作压力管道，中、高压系统用无缝管，低压系统用焊接管
	纯铜管	易弯曲成各种形状，但承受能力一般不超过 6.5～10MPa，抗振能力较弱，又易使油液氧化，通常用在液压装置内配接不便之处
软管	尼龙管	乳白色半透明，加热后可以随意弯曲成形或扩口，冷却后又能定形不变，承压能力因材质而异，自 2.5MPa 至 8MPa 不等
	塑料管	质轻耐油、价格便宜、装配方便，但承受能力低，长期使用会变质老化，只宜用作压力低于 0.5MPa 的回油管、泄油管等
	胶管	高压管由耐油橡胶夹几层钢丝编织网制成，钢丝网层数越多，耐压越高，价格昂贵，用作中、高压系统中两个相对运动件之间的压力管道，低压管由耐油橡胶夹帆布制成，可用作回油管道

（2）管接头　管接头是油管与油管、油管与液压件之间的可拆式连接件，它必须具有装拆方便、连接牢固、密封可靠、外形尺寸小、通流能力大、压降小、工艺性好等各项条件。

管接头的种类很多，按管接头的通路数量和流向不同，可分为直通、弯头、三通和四通；按连接方式不同，可分为扩口式、焊接式、卡套式等，其规格品种可查阅有关手册。液压系统中，常见的管接头见表 4-2。

表 4-2　液压系统中常见的管接头

名　称	结　构　简　图	特点和说明
焊接式管接头	1—接管　2—螺母　3、6—密封圈　4—接头体　5—本体	1）连接牢固，利用球面进行密封，简单可靠 2）焊接质量必须保证，必须采用厚壁钢管，装拆不便

（续）

名　称	结　构　简　图	特点和说明
卡套式管接头	1—接头体　2—管路　3—螺母　4—卡套	1）轴向尺寸要求不严，装拆方便 2）对油管径向尺寸要求较高，为此要采用冷拔无缝钢管
扩口式管接头	1—接头体　2—管套　3—螺母	1）用油管管端的扩口在管套的压紧下进行密封，结构简单 2）适用于钢管、薄壁钢管、尼龙管和塑料管等低压管道的连接
扣压式管接头	1—接头体　2—螺母	用来连接高压软管
快速接头	1、7—弹簧　2、6—阀芯　3—钢球　4—外套　5—接头体	1）用在经常要装拆处 2）操作简单方便

3．过滤器

过滤器的功用和类型如下。

1）功用：过滤器的功用是过滤混在油液中的杂物，降低进入系统中油液的污染度，保证系统正常工作。

2）类型：过滤器按其滤芯材料的过滤机制不同，可分为表面型过滤器、深度型过滤器和吸附型过滤器三种。常见的过滤器式样及其特点见表4-3。

表4-3 常见的过滤器及其特点

类 型		滤芯结构简图	特 点 说 明
表面型	网式过滤器		网式过滤器的过滤精度与铜丝网的网孔大小和层数有关,优点是通油能力大、压力损失小,容易清洗,但过滤精度不高,主要用于泵吸油口
	线隙式过滤器		线隙式过滤器滤芯采用绕在骨架上的铜丝来替代铜丝网,过滤精度取决于铜丝间的间隙,故称为线隙式过滤器。它常用于液压系统的压力管及内燃机的燃油过滤系统
深度型	纸芯式过滤器		纸芯式过滤器是以滤纸做过滤材料。为了增加过滤面积,纸芯上的纸呈波纹状。纸芯式过滤器性能可靠,是液压系统中广泛采用的一种过滤器。但纸芯强度较低,且堵塞后无法清理,所以必须经常更换纸芯
	烧结式过滤器		烧结式过滤器滤芯是用颗粒状青铜粉压制烧结而成的,属于深度型过滤器。烧结式滤芯强度较高,耐高温,性能稳定,耐腐蚀性能好,过滤精度高,是一种常用的精密滤芯。但其颗粒容易脱落,堵塞不易清洗
吸附型	磁性过滤器		滤芯由永久磁铁制成,能吸住油液中的铁屑、铁粉及带磁性的磨粒。常与其他形式的滤芯一起使用,制成复合式过滤器

4. 蓄能器

蓄能器的功用主要是储存和释放油液的压力能，保持系统压力恒定，减小系统压力的脉动冲击。

图 4-3 所示为蓄能器的结构示意图及图形符号。蓄能器内的活塞将油和气体分开，气体从阀门充入，油液经油孔连通。工作原理是利用气体的压缩和膨胀来储存和释放压力能。其优点是油与气体分开，不易氧化，结构简单，工作较平稳。缺点是缸筒和活塞的密封性要求高，反应不够灵敏。蓄能器主要用来储存能量及供中、高压系统吸收压力脉动之用。

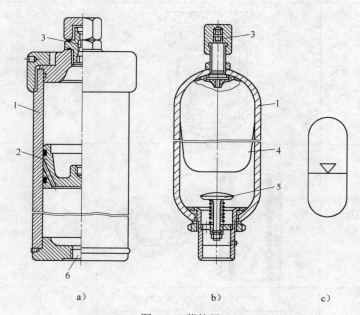

图 4-3　蓄能器

a）活塞式　b）皮囊式　c）图形符号

1—壳体　2—活塞　3—充气阀　4—气囊　5—菌形阀　6—充油口

活动 2　液压系统的安装

1. 液压泵安装注意事项

1）液压泵传动轴与电动机驱动轴同轴度误差应小于 0.1mm，一般采用挠性联轴器连接，不应用 V 带直接带动泵轴转动，以防泵轴受径向力过大，影响泵的正常运转。

2）液压泵的旋转趋势和进、出油口应按要求安装。

3）各类液压泵的吸油高度，一般要小于 0.5m。

2. 安装液压元件时的注意事项

1）液压元件安装前，要用煤油清洗，自制的重要元件应进行密封和耐压试验，试验压力可取工作压力的 2 倍，或取最高使用压力的 1.5 倍。试验时要分级进行，不要一下子升到试验压力，每升一级检查一次。

2）方向控制阀应保证轴线呈水平位置安装。

3）板式元件安装时，要检查进出油口处的密封圈是否合乎要求。安装前，密封圈应突出安装平面，保证安装后有一定的压缩量，以防泄漏。

4）板式元件安装时，固定螺钉的拧紧力要均匀，使元件的安装平面与元件底板平面能很好地接触。

3. 安装油管的注意事项

1）吸油管不应漏气，各接头要紧牢和密封好。

2）吸油管道上应设置过滤器。

3）回油管应插入油箱的油面以下，防止飞溅泡沫和混入空气。

4）电磁换向阀内的泄漏油液，必须单独设回油管，以防止泄漏回油时产生背压，避免阻碍阀芯运动。

5）溢流阀回油口不许与液压泵的入口相接。

6）全部管路应进行两次安装，第一次试装，第二次正式安装。试装后，拆下油管，用 20%的硫酸或盐酸溶液酸洗，再用 10%的苏打水中和，最后用温水清洗，待干燥后涂油进行二次安装。留意安装时不得有砂子和氧化皮等。

图 4-4 所示为正确与错误的管接头连接方式对比。连接时需考虑因环境或工作时温度的影响，管道长度应适当加长，上排为正确的连接方式，下排为错误的连接方式。

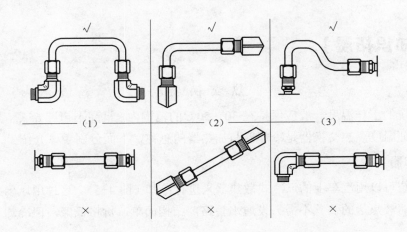

图 4-4 管接头连接方式

【课题内容小结】

1）油箱的功用主要是储油，散发油液中的热量，释放混在油液中的气体，沉淀油液中的杂质等。

2）液压系统中常用的油管有钢管、铜管、尼龙管、塑料管、橡胶软管等。管接头是油管与油管、油管与液压元件之间的连接件。

3）过滤器的功用是滤清油液中的杂质，保证系统管路畅通，使系统正常工作。

4）蓄能器的功用主要是储存和释放油液的压力能，保持系统压力恒定，减小系统压力的脉动冲击。

【课后任务】

1）简述各种液压辅助元件的用途。

2）自己设计油路，并用管道将所选液压元件连接。

通过表 4-4 自评。

表 4-4 学习自评表

序 号	项 目	配 分	得 分	备 注
1	说出油箱的功用	10		
2	说出管接头的种类及接法	10		
3	说出过滤器的功用	10		
4	说出蓄能器的功用	10		
5	管路连接	60		

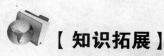

【知识拓展】

热 交 换 器

液压系统的工作温度一般应保持在 30～50℃ 的范围内，最高不超过 65℃，所以需要热交换器来保证温度。热交换器是冷却器与加热器的总称，下面分别予以介绍。

1. 冷却器

液压系统可以用汽车上的风冷式散热器来进行冷却（图 4-5）。这种用风扇鼓风带走流入散热器内油液热量的装置不需另设通水管路，结构简单，价格低廉，但冷却效果较水冷式差。

液压系统中用得较多的冷却器是强制对流式多管冷却器（图 4-6）。油液在水管外部流动时，它的行进路线因冷却器内设置的隔板而加长，因而增加了热交换效果。还有一种翅片管式冷却器（图4-7），水管外面增加了许多横向或纵向的散热翅片，大大扩大了散热面积和热交换效果。翅片式冷却器是在圆管或椭圆管外嵌套上许多径向翅片，其散热面积可达光滑管的8～10倍。椭圆管的散热效果一般比圆管更好。

冷却器一般安装在回油管路或低压管路上。

图4-5　风冷式冷却器　　　　图4-6　多管式冷却器　　　　图4-7　翅片管式冷却器

2．加热器

油液加热的方法有用热水或蒸汽加热和电加热两种方式。图4-8所示为电加热器。由于电加热器使用方便，易于自动控制温度，故应用比较广泛。电加热器一般用法兰固定在油箱的内壁上。发热部分全浸在油液的流动处，便于热量交换。

电加热器表面功率密度不得超过 $3W \cdot cm^2$，以免油液局部温度过高而变质。

图4-8　电加热器

课 题 五

方向控制阀及方向控制回路

- ✍ 活动 1　探讨单向阀的工作原理及用途
- ✍ 活动 2　探讨换向阀的工作原理
- ✍ 活动 3　分析液压磨床的换向回路

方向控制阀主要用来通断油路或改变油液的流动方向，从而控制液压执行元件的起动或停止，改变其运动方向。它主要包括单向阀和换向阀。

在液压系统中，控制执行元件的起动、停止及换向作用的回路，称为方向控制回路。典型方向控制回路有锁紧回路和换向回路。

本课题将分析、讲解典型的方向控制阀的工作原理及典型的方向控制回路。

 学习目标

学完本课题后，应具备以下能力：

1）说出方向控制阀的种类、工作原理和特点。

2）说出方向控制阀的用途。

3）分析锁紧回路的油路。

4）分析基本换向回路的油路。

5）根据实际情况合理选用方向控制阀。

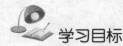 **活动1 探讨单向阀的工作原理及用途**

方向控制阀用在液压系统中控制液流的方向，它包括单向阀和换向阀。单向阀有普通单向阀和液控单向阀。换向阀按操作阀芯运动的方式可分为手动式、机动式、电磁动式、液动式、电液动式等。

1. 普通单向阀

（1）工作原理和图形符号 图5-1所示为普通单向阀的实物图和图形符号。

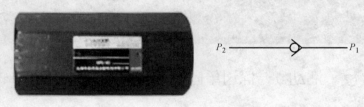

a) b)

图5-1 普通单向阀

a）实物图 b）图形符号

观察图 5-2，不难发现单向阀的主要作用是控制油液＿＿＿＿＿＿＿＿＿＿＿（单向、双向）流动，当油液从 P_1 口进入时，克服弹簧力将阀芯顶开，油液从 P_2 口流出；当油液反向流动时，阀芯在液压力和弹簧力的作用下关闭阀口，使液流截止，液流无法从 P_2 口流向 P_1 口。

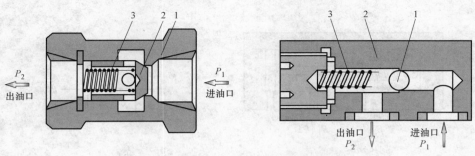

图 5-2 普通单向阀结构图

1—阀体 2—阀芯 3—弹簧

（2）普通单向阀的用途 普通单向阀的用途比较灵活，常见用途如图 5-3 所示。图 5-3a 所示的单向阀安装在泵的出口处，防止系统压力冲击影响泵的正常工作；图 5-3b 所示的单向阀安装在回油油路上，起背压作用；图 5-3c 所示的单向阀与其他阀配合使用，满足特殊要求。

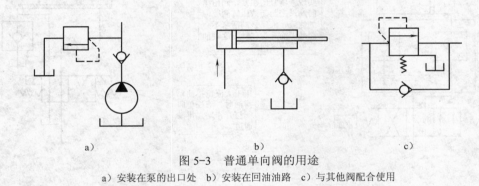

图 5-3 普通单向阀的用途

a）安装在泵的出口处 b）安装在回油油路 c）与其他阀配合使用

2．液控单向阀

（1）液控单向阀的工作原理及符号 图 5-4 所示为液控单向阀的实物图，图 5-5 所示为液控单向阀的结构及图形符号。与图 5-2 所示的普通单向阀的结构比较，多了零件_____和一个控制油口，当油液从油口_____进时，它的作用与普通单向阀一样，当控制油口 K 通入压力油时，顶杆会顶开阀芯，此时油口 P_1 与 P_2 接通。

图 5-4 液控单向阀实物

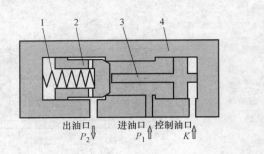
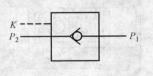

出油口 P_2　　进油口 P_1　　控制油口 K

a)　　　　　　　　　　b)

图 5-5　液控单向阀结构及图形符号

1—弹簧　2—阀芯　3—顶杆　4—阀体

a）结构　b）图形符号

（2）液控单向阀的用途　液控单向阀的用途如图 5-6 所示。

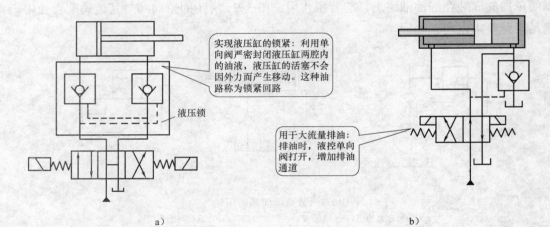

实现液压缸的锁紧：利用单向阀严密封闭液压缸两腔内的油液，液压缸的活塞不会因外力而产生移动。这种油路称为锁紧回路

液压锁

用于大流量排油：排油时，液控单向阀打开，增加排油通道

a)　　　　　　　　　　b)

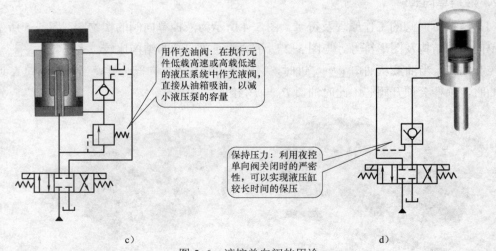

用作充油阀：在执行元件低载高速或高载低速的液压系统中作充液阀，直接从油箱吸油，以减小液压泵的容量

保持压力：利用夜控单向阀关闭时的严密性，可以实现液压缸较长时间的保压

c)　　　　　　　　　　d)

图 5-6　液控单向阀的用途

a）用于锁紧回路　b）用于大流量排油　c）用作充油阀　d）用于保持压力

活动2　探讨换向阀的工作原理

换向阀是利用阀芯和阀体间相对位置的不同来变换阀体上各主油口的通断关系，实现各油路连通、切断或改变液流方向的阀类。

1. 换向阀的分类

1）按结构形式的不同可分为滑阀和转阀。图5-7所示为滑阀和转阀的实物图。

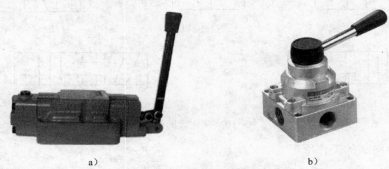

a）　　　　　　　　　　　　　　　b）

图5-7　滑阀和转阀实物图

a）滑阀　b）转阀

2）按换向阀的操纵方式可分为手动式、机动式、电磁动式、液动式和电液动式等。图5-8所示为各种操纵方式的换向阀实物图，图5-9所示为常用液压换向阀的图形符号和表示方法。

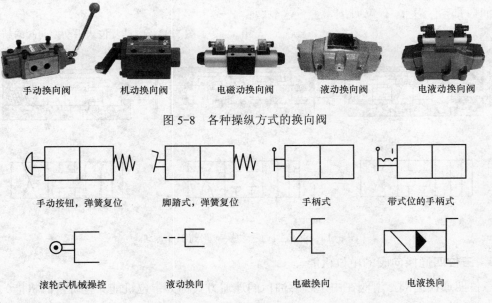

手动换向阀　　机动换向阀　　电磁动换向阀　　液动换向阀　　电液动换向阀

图5-8　各种操纵方式的换向阀

手动按钮，弹簧复位　　脚踏式，弹簧复位　　手柄式　　带式位的手柄式

滚轮式机械操控　　液动换向　　电磁换向　　电液换向

图5-9　液压换向阀操控方式的图形符号和表示方法

3）按阀的工作位置数和控制的通道数换向阀可分为二位二通阀、二位三通阀、二位四通阀、三位四通阀、三位五通阀，等等。位是指阀内阀芯可移动的位置数称为切换位置数，简称"位"；通是指阀上各种接油管的进、出口，进油口通常标为 P，回油口则标为 T 或 R，出油口则以 A、B 来表示。图 5-10 所示为几种不同"通"和"位"的滑阀式换向阀的图形符号，用方框表示位，用"↑"表示两油口相通，用"⊥"或"⊤"表示油口断开，字母所标位置表示阀芯的当前工作位。

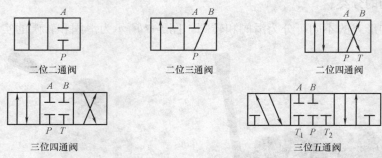

二位二通阀　　　　二位三通阀　　　　二位四通阀

三位四通阀　　　　　　三位五通阀

图 5-10　换向阀的符号

2．手动换向阀的工作原理

手动换向阀是利用手动杠杆改变阀芯的位置实现换向的。图 5-11 所示为自动复位式手动换向阀的结构图，图 5-12 所示为阀芯分别在三个工作位置时，油口连接的情况，左位时 P 和_____连通，T 和_____连通；中位时所有油口都_____；右位时 P 和_____连通，T 和_____连通。

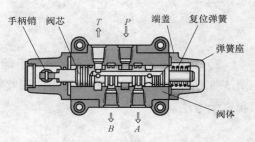

图 5-11　自动复位式手动换向阀的结构

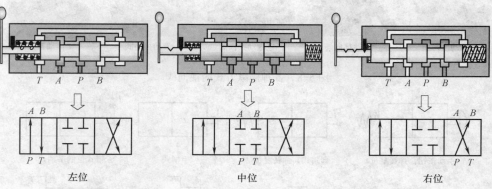

左位　　　　　　　　中位　　　　　　　　右位

图 5-12　三位四通手动换向阀的工作原理

3．三位四通换向阀的中位机能

三位四通换向阀，滑阀在中位时各油口的连通方式称为中位机能（也称滑阀机能）。不同的中位机能可满足系统的不同要求。表 5-1 中列出了三位四通阀常用的中位机能，而其左位和右位各油口的连通方式均为直通或交叉相通，所以只用一个字母来表示中位的形式。

表 5-1　三位四通换向阀中位机能

机能代号	滑阀结构原理图	职能符号	机能特点					
			对泵的影响	对系统的影响	对缸定位的影响	能否急停	换向冲击	中位起动冲击	其他
O			保压	无	锁紧	能	大	小	
P			无	两腔相通	无	不能	小	小	液压缸差动连接
H			卸荷	卸荷	液压缸浮动	不能	小	有	
Y			保压	卸荷	液压缸浮动	不能	小	有	
M			卸荷	无	能	能	大	有	可多阀并联

活动 3　分析液压磨床的换向回路

换向回路的功用是改变执行元件的运动方向。各种操纵方式的换向阀都可组成换向回路，只是性能和使用场合不同。图 5-13a 所示为平面磨床实物图，图 5-13b 所示为平面磨床工作台液压换向回路。

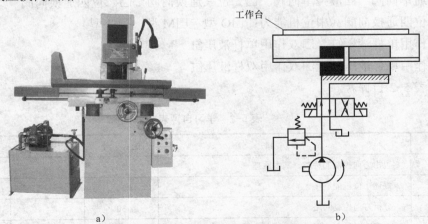

a)　　　　　　　　　　b)

图 5-13　平面磨床及其工作台液压控制回路

a）平面磨床　b）平面磨床工作台液压换向回路

【课题内容小结】

1）不论机械设备的液压传动系统如何复杂，都是由一些液压基本回路组成的。所谓基本回路就是由有关的液压元件组成，用来完成特定功能的典型油路（下文会重点介绍常用的压力控制回路、速度控制回路、方向控制回路和多缸工作回路）。学习液压基本回路时，应注意掌握基本回路的构成、工作原理、性能和应用四个方面。

2）方向控制回路是控制执行元件的起动、停止及换向的回路。其核心元件是方向控制阀。

3）方向控制阀分为单向阀和换向阀，其中换向阀的命名与换向阀的工作位置和控制的通道数有关，如二位四通换向阀，表示此换向阀有两个工作位置，四条通道。

【课后任务】

1）请列举液压回路的分类与液压控制阀的分类。

2）简述方向控制回路如何实现液压缸的伸出和缩回动作之间的变换。

3）请画出二位四通手动换向阀与三位五通电磁换向阀的图形符号。

4）是否所有的换向阀都可以使液压缸实现动作方向的变换？

5）按要求绘制液压回路：在表演舞台要设计一个小型升降台，要求升降台由液压泵驱动平稳上升，上升到指定高度时可以锁紧不动；而下降时由自重驱动缓慢下落。请选出需要用到的液压元件，然后根据相应的液压元件来补充绘制出完整的液压回路（可有多种的连接方式）。

□普通单向阀　□液控单向阀　□二位三通换向阀　□二位四通换向阀

□三位四通换向阀（中位机能为：□O 型　□M 型　□H 型）

□单作用单杆液压缸　□双作用单杆液压缸

□双作用单杆液压缸　□双作用双杆液压缸

通过表 5-2 自评。

表 5-2　学习自评表

序　号	项　目	配　分	得　分	备　注
1	说出方向控制的种类、基本原理	20		
2	描述中位机能	20		
3	分析方向控制回路	30		
4	根据不同的要求正确选用方向控制阀	30		

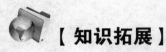

【知识拓展】

中位机能的选择

中位机能不但影响液压系统的工作状态，也影响执行元件换向时的工作性能。正确选择和运用换向阀的中位机能是保证系统安全、稳定、可靠工作的重要因素之一。

通常可根据液压系统的保压或卸荷要求、执行元件停止时的浮动或锁紧要求和执行元件换向时的平稳或准确性要求，选择中位机能。中位机能选择的一般原则：

1）当系统有卸荷要求时，应选用中位时油口 P 与 T 相互连通的形式，如 H、K、M 型。

2）当系统有保压要求时，应选用中位时油口 P 封闭的形式，如 O、Y 型等。

3）当对执行元件换向精度要求较高时，应选用中位时油口 A 与 B 被封闭的形式，如 O、M 型。

4）当对执行元件换向平衡性要求较高时，应选用中位时油口 A、B 与 T 相互连通的形式，如 H、Y、X 型。

5）当对执行元件起动平衡性要求较高时，应选用中位时油口 A、B 均不与 T 连通的形式，如 O、C、P 型。

课 题 六

压力控制阀及压力控制回路

✂ 活动 1 探讨溢流阀的工作原理及用途

✂ 活动 2 探讨减压阀的工作原理及用途

✂ 活动 3 探讨顺序阀的工作原理及用途

在具体的液压系统中，根据工作需要的不同，对压力控制的要求各不相同。有的需要限制液压系统的最高压力，如安全阀；有的需要稳定液压系统中某处的压力值，如溢流阀（图6-1a）、减压阀（图6-1b）等；还有的是利用液压力作为信号控制其动作，如顺序阀（图6-1c）、压力继电器（图6-1d）等。这类阀的共同特点是利用在阀芯上的液压力和弹簧力相平衡的原理来工作的。

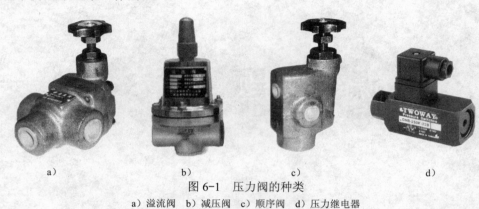

图 6-1　压力阀的种类

a）溢流阀　b）减压阀　c）顺序阀　d）压力继电器

压力控制回路是利用压力控制阀来控制液压系统整体或某一部分的压力，以满足液压执行元件对力或转矩要求的回路。这类回路包括调压、减压、增压、卸荷、顺序动作等多种回路。

本课题就来分析、讲解典型的压力控制阀及压力控制回路。

学习目标

学完本课题后，应具备以下能力：

1）说出压力控制阀的种类、工作原理和特点。

2）说出压力控制阀的用途。

3）分析基本压力控制回路。

4）根据实际情况合理选用压力控制阀。

活动1　探讨溢流阀的工作原理及用途

如图6-2所示的液压锻压机在工作时需克服很大的材料变形阻力，这就需要液压系统主供油回路中的液压油提供稳定的工作压力。同时为了保证系统安全，还必须保证系统过载时能有效地卸荷。溢流阀在系统中主要起稳压、安全和卸荷作用。

在液压系统中常用的溢流阀有直动式和先导式两种。直动式溢流阀用于低压系统，先导式溢流阀用于中、高压系统。

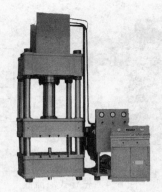

图 6-2　液压锻压机

1．溢流阀的工作原理

（1）直动式溢流阀　如图 6-3 所示，直动式溢流阀的工作原理是压力油经通道作用于阀芯底部（图 6-3c），直接与弹簧平衡来控制溢流压力，压力由弹簧设定，当油的压力超过设定值时，阀芯上移，油液就从溢流口流回油箱，并使进油压力等于设定压力。

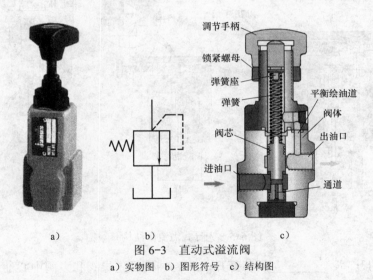

图 6-3　直动式溢流阀
a）实物图　b）图形符号　c）结构图

直动式溢流阀的结构简单，灵敏度高，但压力波动受溢流量的影响较大，不适于在高压、大流量的条件下工作。因为当溢流量较大引起阀的开口变化较大时，弹簧变形较大即弹簧力变化大，溢流阀进口压力随之发生较大变化。故直动式溢流阀调压稳定性差，定压精度低，一般用于压力小于 2.5MPa 的小流量系统中。

（2）先导式溢流阀　图 6-4 所示为先导溢流阀，它由主阀和先导阀两部分组成。先导阀的结构原理与直动式溢流阀相同，弹簧刚度小，调压精度高，主阀利用平衡活塞上下两腔油液的压力差和弹簧力相平衡。主阀弹簧刚度大，调压范围大。

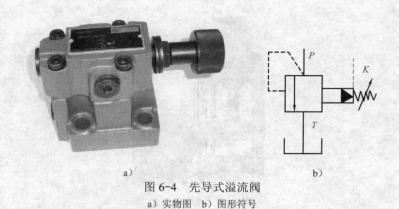

图 6-4　先导式溢流阀

a）实物图　b）图形符号

观察图 6-5 所示的先导式溢流阀的结构图，当遥控口 K 关闭时，油液从 A 腔进入，部分油液通过_____进入 B 腔，再经通道、缓冲小孔作用于_____阀芯。当压力不高时，作用在先导阀芯上的液压力不足以克服先导弹簧，先导阀关闭，主阀在 A、B 两腔的油压和主阀弹簧作用下平衡，主阀关闭。

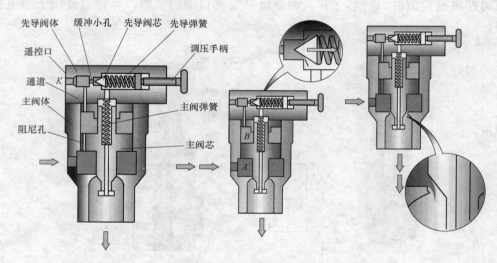

图 6-5　先导式溢流阀结构

随着压力的升高，_____阀芯打开，B 腔油液经先导阀和主阀中心油道回油箱；主阀 A、B 两腔的压力差推动主阀芯压缩主阀弹簧上移，主阀打开，产生溢流，使进口处的压力控制在溢流阀的调压范围之内。

先导式溢流阀的 K 口是一个远程控制口。将其与另一远程调压阀相连，就可以通过它调节溢流阀主阀上端的压力，从而实现溢流阀的远程调压。

2. 溢流阀的应用

溢流阀在液压系统中有着非常重要的地位，特别是定量泵供油系统，如果没有溢流阀几乎无法工作。溢流的主要用途如下：

（1）溢流稳压　在液压系统中，用定量泵和节流阀调速时，溢流阀可使系统的压力恒定，并能使节流阀调节的多余的油液流回油箱。

（2）限压保护　当系统压力超过溢流阀调定值时，溢流阀打开溢流，系统压力不再上升，起安全保护作用。

（3）卸荷　先导式溢流阀与电磁阀组成的电磁溢流阀可控制系统卸荷。

（4）远程调压　将先导式溢流阀的外控口接上远程调压阀，便能实现远程调压。

（5）作为背压阀使用　在系统回油路上接上溢流阀，造成回油阻力，形成背压，可提高执行元件的运动平稳性。

3．调压回路

用溢流阀来控制整个系统或局部压力的回路称为调压回路。调压回路除了能控制压力，使之保持恒定或限定其最高值，还可以通过设定溢流阀限定系统的最高压力，防止系统过载。常见的调压回路有以下几种：

（1）单级调压回路　图 6-6 所示为采用单级调压回路设计的压锻机液压控制回路。请结合图形，利用所学知识分析该调压回路的工作原理，并填写在横线上。

_____

_____

_____

_____

_____

（2）远程调压回路　图 6-7 所示为远程调压回路，在先导式溢流阀的远程控制口接上一远程溢流阀，便能通过远程溢流阀来调节主油路的压力，但先导式溢流阀调定的压力值必须_____（填<、>或=）远程调压阀。

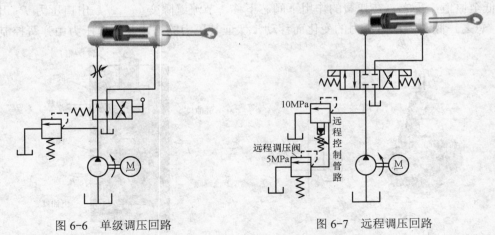

图 6-6　单级调压回路　　　　　　图 6-7　远程调压回路

（3）三级调压回路　图 6-8 所示是用 3 个溢流阀的三级调压回路。当电磁铁 YA1 和 YA2 都不通电时，系统压力是_____；当电磁铁 YA1 通电时，系统压力是_____；当电磁铁 YA2 通电时，系统压力是_____。

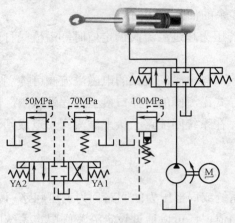

图 6-8　三级调压回路

活动 2　探讨减压阀的工作原理及用途

1. 定压减压阀的工作原理

根据减压阀所控制的压力不同，可将其分为定压减压阀、定差减压阀和定比减压阀，这里主要介绍定压减压阀。定压减压阀能将其出口压力维持在一个定值，常用的有直动式和先导式两种。

（1）直动式定压减压阀　直动式定压减压阀（图 6-9）是靠阀芯和壳体之间的缝隙产生节流形成压降，出口压力低于进口压力。如图 6-9c 所示，当进油口 P_1 压力增大，出油口 P_2 的压力也_____，油液进入阀芯底部，推动阀芯上移，节流缝隙变_____，出口压力 P_2 降低至原值；反之，在弹簧的作用下阀芯下移，节流缝隙变_____，出口压力 P_2 升至原值。总之，阀芯随出口压力的变化而移动，保证其压力的恒定。出口压力由弹簧控制。

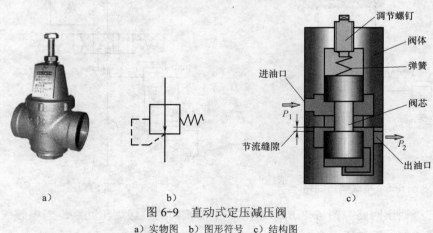

图 6-9　直动式定压减压阀
a）实物图　b）图形符号　c）结构图

（2）先导式定压减压阀　如图 6-10 所示，先导式定压减压阀由主阀和先导阀两部分组成，主要特点是利用主阀阀芯上下两腔油液的压力差和弹簧力相平衡。出口压力的大小由先导弹簧决定，出口压力升高时，先导阀被打开，主阀芯上下有压差，阀芯上移，节流口减小，压力下调。遥控口接上液压油可实现远程调压。

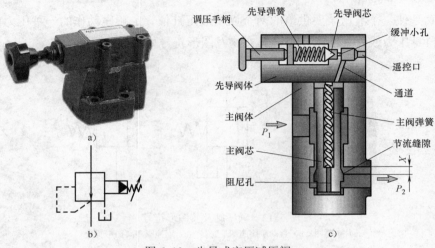

图 6-10　先导式定压减压阀
a）实物图　b）图形符号　c）结构图

2．减压回路

液压系统中，往往只有一个液压泵，但却有多个支路，且各个支路所要求的油液压力不同，这时便可用减压阀使某一支获得低于系统压力的稳定工作压力。这种回路就称为减压回路。

图 6-11 所示为某装载机制动系统的液压回路，制动工作油压为 30MPa，稳定控制油压为 10MPa。用减压阀获得较系统工作压力低的稳定油压，以对系统进行控制。

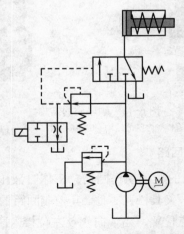

图 6-11　某装载机制动系统减压回路

活动3 探讨顺序阀的工作原理及用途

1. 顺序阀的工作原理

顺序阀是使一个液压泵要供给的两个以上液压缸依一定顺序动作的一种压力阀，控制压力可是自身压力或外来油源压力，其实物及图形符号如图6-12所示。

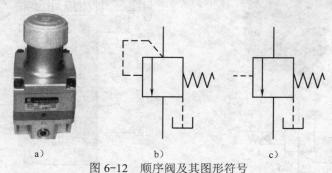

图6-12 顺序阀及其图形符号

a）实物图 b）直动顺序阀图形符号 c）遥控顺序阀图形符号

顺序阀的结构（图6-13）及其动作原理类似溢流阀，有直动式和先导式两种，目前较常用直动式。顺序阀与溢流阀不同的是顺序阀的出口直接连着执行元件，另外有专门的泄油口。

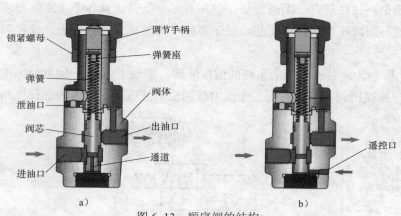

图6-13 顺序阀的结构

a）直控顺序阀的结构 b）遥控顺序阀的结构

2. 顺序阀控制的顺序动作回路

图6-14所示为顺序阀控制的顺序动作回路。工作时液压系统的动作顺序为：夹紧零件—工作台进给—工作台退出—夹具松开零件。其控制回路的工作过程如下：回路工作前，夹紧缸1和进给缸2均处于起点位置，当换向阀5左位接入回路时，夹紧缸1的活塞向右运动使夹具夹紧零件，夹紧零件后会使回路压力升高到顺序阀3的调定压力，阀3开启，此时进给缸2的活塞才能向右运动进行切削加工；加工完毕，通过手动或操纵装置使换向

阀 5 右位接入回路，进给缸 2 活塞先退回到左端点后，引起回压力升高，使阀 4 开启，夹紧缸 1 活塞退回原位将夹具松开。这样完成一个完整的多缸顺序动作循环。

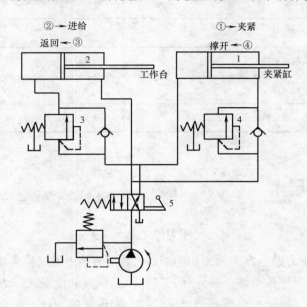

图 6-14 顺序阀控制的顺序动作回路

 【课题内容小结】

1）不论机械设备的液压传动系统如何复杂，都是由一些液压基本回路组成的。所谓基本回路就是由有关的液压元件组成，用来完成特定功能的典型油路。下文会重点介绍常用的压力控制回路、速度控制回路、方向控制回路和多缸工作回路。学习液压基本回路时，应注意掌握基本回路的构成、工作原理、性能和应用等四个方面。

2）方向控制回路是控制执行元件的起动、停止及换向的回路，其核心元件是方向控制阀。

3）方向控制阀分为单向阀和换向阀，其中换向阀的命名与换向阀的工作位置和控制的通道数有关，如二位四通换向阀，表示此换向阀有两个工作位置，四条通道。

 【课后任务】

1）请列举液压回路的分类与液压控制阀的分类。

2）简述方向控制回路如何实现液压缸的伸出和缩回动作之间的变换。

3）请画出二位四通手动换向阀与三位五通电磁换向阀的简图。

通过表 6-1 进行自评。

表 6-1　学习自评表

序　号	项　目	配　分	得　分	备　注
1	说出压力控制的种类、基本原理	20		
2	说出压力控制阀的应用	20		
3	分析压力控制回路	30		
4	根据不同的要求正确选用压力控制阀	30		

 【知识拓展】

压力继电器

图 6-15 所示为压力继电器实物图和图形符号，压力继电器又称为压力开关，是一种将系统的压力信号转换为电信号输出的元件。其作用是根据液压系统压力的变化，通过压力继电器内的微动开关，自动接通或断开电气线路，实现泵的加载、卸荷，执行元件的顺序控制或安全保护和联锁。

1）按压力继电器的结构特点可分为柱塞式、弹簧管式、膜片式和波纹管式。柱塞式压力继电器的最为常用。

2）按动作方式可分为直动型、先导型、延迟调节型和开头位置调节型。

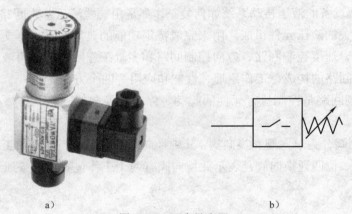

a)　　　　　　　　　　　　　　　　b)

图 6-15　压力继电器
a）实物图　b）图形符号

3）压力继电器的工作原理如下：如图 6-16 所示，柱塞式压力继电器主要零件包括柱塞、压力调节螺钉和微动开关。液压油作用在柱塞的下端，液压力大于或等于弹簧力时，柱塞向上移，压下微动开关触头，接通或断开电气线路，发出相应的电信号。当液压力小于弹簧时，微动开关触头复位。显然，柱塞上移将引起弹簧的压缩量增加，因此压下微动开关触头的压力（开启压力）与微动开关复位的压力（闭合压力）存在一个差值，这个差值对压力继电器的正常工作是必要的，但不易过大。而其他压力继电器则通过敏感 元件（弹簧管、膜片、波纹管等）感受压力后，产生形变，直接驱动微动开关发出相应的电信号。

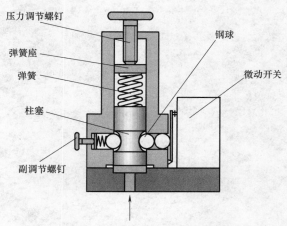

压力调节螺钉　弹簧座　弹簧　柱塞　副调节螺钉　钢球　微动开关

图 6-16　柱塞式压力继电器的结构

4）压力继电器的应用如下：压力继电器根据液压系统压力的变化，通过压力继电器内的微动开关，自动接通或断开电气线路，实现泵的加载、卸荷，执行元件的顺序控制或安全保护和联锁。

课 题 七

流量控制阀及速度控制回路

ど 活动 1 探讨节流阀的工作原理及特点

ど 活动 2 分析由流量控制阀组成的调速回路

速度控制回路是利用不同的液压元件，实现对系统油液流动速度的调节。在液压传动系统中，调速是为了满足执行元件对工作速度的要求，因此是系统的核心问题。

流量控制阀是速度控制回路的核心元件，流量控制阀包括节流阀、调速阀、旁通调速阀（又称溢流节流阀）、分流阀和集流阀等。

学习目标

学完本课题后，应具备以下能力：

1）说出流量控制阀的种类、工作原理及特点。

2）说出流量控制阀的用途。

3）分析由节流阀组成的调速回路。

4）根据实际情况合理选用流量控制阀。

活动1　探讨节流阀的工作原理及特点

节流阀和调速阀都是流量控制阀，通过改变阀口的大小，从而改变液阻，实现流量调节。

1. 流量控制原理

改变过流面积 A，即改变液阻的大小，可以调节通流量，这就是流量控制阀的控制原理。这些孔口及缝隙称为节流口。常用节流口的结构形式如图7-1所示。

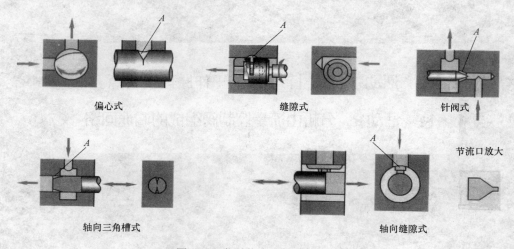

图7-1　常用节流口的结构形式

2. 节流阀和单向节流阀

（1）节流阀　节流阀（图7-2）是一种最简单又最基本的流量控制阀，其实质相当于一个可变节流口，即一种借助于控制机构使阀芯相对于阀体孔运动，改变阀口过流面积的阀。如图 7-2 所示，通过调节手轮可调节阀芯相对阀体的相对位置，从而改变阀口的过流面积。节流阀常用在定量泵节流调速回路，实现调速。

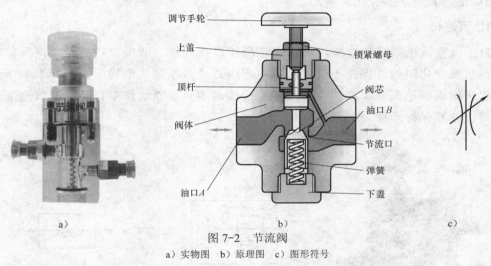

图 7-2 节流阀
a）实物图 b）原理图 c）图形符号

（2）单向节流阀 单向节流阀（图 7-3）的结构与节流阀类似，只是阀芯分成上下两部分。当流体正向流动时，其节流过程与节流阀是一样的，过流面积的大小可以通过调节手轮进行调节；当流体反向流动时，油液的压力把下阀芯压下，起到单向阀的作用。

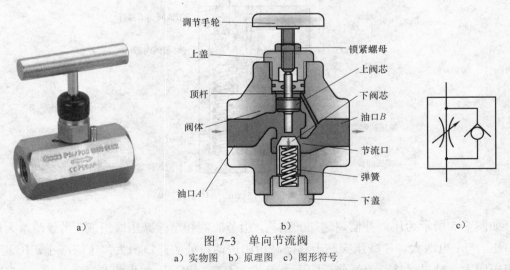

图 7-3 单向节流阀
a）实物图 b）原理图 c）图形符号

（3）节流阀的流量特性 影响节流阀流量稳定性的因素主要有以下两方面。

1）温度的影响。液压油的温度影响到油液的粘度，粘度增大，流量变小；粘度减小，流量变大。

2）节流阀输入、输出口的压力差。节流阀两端的压力差和通过它的流量有固定的比例关系。压力差越大，流量越大；压力差越小，流量越小。节流阀的刚性反映了节流阀抵抗负载变化的干扰、保持流量稳定的能力。节流阀的刚性越大，流量随压力差变化越小；刚性越小，流量随压力差变化就越大。

3．调速阀

为了改善调速系统的性能，通常对节流阀进行补偿，即采取措施使节流阀前后压力差在负载变化时始终保持不变。可以将定压差式减压阀（或稳压溢流阀）与节流阀连接起来构成调速阀，如图 7-4 所示，通过阀芯的负反馈动作来自动调节节流部分的压力差，使其保持不变。

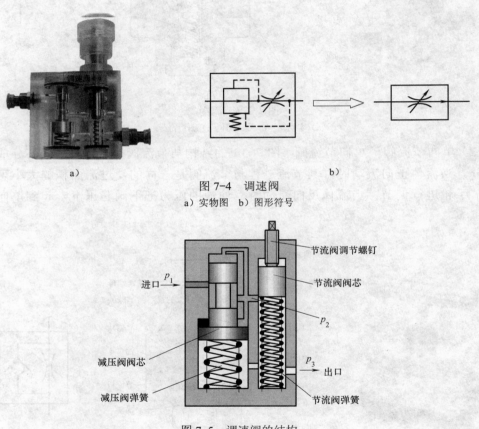

a）

b）

图 7-4　调速阀

a）实物图　b）图形符号

图 7-5　调速阀的结构

如图 7-5 所示为压力补偿调速阀的结构，由节流阀和定差减压阀组成，当载荷增大时，出口压力 p_3 也增大，使减压阀芯上移，减压阀进油口处的开口增大，压降减小，因此 p_2 也相应增大，结果保持节流阀前后的压力差基本不变。相反，如果载荷减小，则 p_3 减小，减压阀芯下移，进油口处的开口减小，压降增大。因此 p_2 也相应减小，结果保持节流阀前后的压力差基本不变。

活动2 分析由流量控制阀组成的调速回路

调速回路是用来调节执行工作行程速度的回路。下面将以由节流阀组成的调速回路为例进行分析。

1. 由节流阀组成的调速回路

（1）回路组成 调速回路由定量泵、流量控制阀、溢流阀和执行元件等组成。

（2）分类 按流量控制阀安放的位置的不同分为进油、回油和旁路节流调速回路。

（3）进油与回油节流调速回路的性能差异 如图7-6a、b所示，二者有以下差异：

1）承受负值负载的能力：回油节流调速回路的节流阀在液压缸的回油腔形成一定的背压，在负值负载（作用力的方向和执行元件运动方向相同的负载）作用下能阻止工作部件前冲。加上背压阀后，进油节流调速回路也能承受负值负载，但会增加功率消耗。

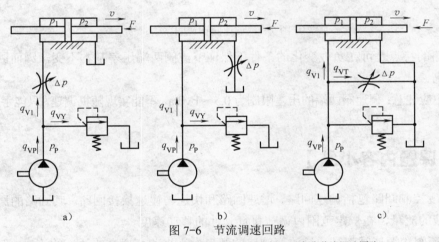

图7-6 节流调速回路

a）进油节流调速回路 b）回油节流调速回路 c）旁路节流调速回路

2）运动平稳性：回油节流调速回路由于在回油路上始终存在背压，可有效地防止空气从回油路吸入，因而低速运动时不易爬行，高速时不易颤振。

3）油液发热对泄漏的影响：流经节流阀的油液发热比较大，会增加液压缸的泄漏量，回油节流调速回路油液经节流阀升温后直接流回油箱，经冷却后再进入系统。

综上所述，进油、回油节流调速回路结构简单，价格低廉，但效率较低，只适宜在负载变化不大、低速、小功率的场合使用，如某些机床的进给系统中。

（4）旁路节流调速回路 这种节流调速回路是将节流阀装在液压缸并联的支路上，如图7-6c所示。调节节流阀的流通面积，即可调节进入液压缸的流量，从而实现调速。此时，溢流阀作安全阀用。旁路节流调速回路只有节流损失，而无溢流损失，因而功率损失比前两种调速回路小，效率高。这种调速回路一般用于功率较大且对速度稳定性要求不高的场合。

2．由调速阀组成的节流调速回路

节流调速回路的不足在于速度刚性差和不能随机调节，所以使用场合有局限性。为改善调节性能，可以选用调速阀进行调节。

如图 7-7 所示，可以用调速阀代替节流阀。

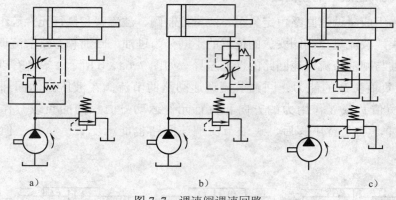

a)   b)   c)

图 7-7　调速阀调速回路

该回路的特点是可在负载变化的条件下保证节流阀两端压差基本不变，因而回路的速度刚性跳高。

使用中应注意：调速阀两端的压差限制为 0.5～1MPa，不能实现随机调速，只能手动调节。

 ## 【课题内容小结】

1）速度控制回路包括调速回路、增速回路和快速与慢速换接回路。其回路的原理是通过控制油液的流量，在一定范围内调节执行元件的移动速度。

2）节流阀和调速阀都是通过改变阀口的开口大小来改变通过的油液的流量，但调速阀的优势在于其控制的液压缸的移动速度不会因负载的变化而变化，即能保持液压缸移动速度的恒定。

 ## 【课后任务】

1）请举例可以用速度控制回路实现哪些机器的动作。

2）简述节流阀与调速阀的区别。

3）试分析其他速度控制回路是通过哪些元件来实现速度控制的。

通过表 7-1 进行自评。

表 7-1 学习自评表

序 号	项 目	配 分	得 分	备 注
1	说出流量控制阀的种类、工作原理及特点	20		
2	说出流量控制阀的用途	20		
3	分析由节流阀组成的调速回路	30		
4	根据实际情况合理选用流量控制阀	30		

 【知识拓展】

典型的速度控制回路

在液压传动系统中，有时需要完成一些特殊的运动，如快速运动、速度变换等，要完成这些任务，需要使用特殊的控制回路，下面介绍几种典型的速度控制回路。

1．快速运动回路

为了提高生产效率，机床工作部件常常要求实现空行程（或空载）的快速运动。这时要求液压系统流量大而压力低，这和工作运动时一般需要的流量较小、压力较高的情况正好相反。对快速运动回路的要求主要是在快速运动时，尽量减小需要液压泵输出的流量，或者在加大液压泵的输出流量后，尽量减小工作运动时的能量消耗。以下是几种机床上常用的快速回路。

（1）差动连接回路　这是在不增加液压泵输出流量的情况下，提高工作部件运动速度的一种快速回路，其实质是改变了液压缸的有效作用面积。

机床运动时，经常要进行快、慢速转换，其中快速运动采用差动连接回路，如图 7-8 所示。当换向阀3 左端的电磁铁通电时，阀 3 左位进入系统，液压泵1 输出的液压油与缸右腔排出的油一起经阀 3 左位、阀 5 下位（此时外控顺序阀 7 关闭）进入液压缸 4的左腔，实现了差动连接，使活塞快速向右运动。当快速运动结束，工作部件上的挡铁压下机动换向阀 5时，泵的压力升高，阀 7 打开，液压缸 4 右腔的回油只能经阀 7 流回油箱，这时是工作进给。当换向阀 3右端的电磁铁通电时，活塞向左快速退回（非差动连接）。采用差动连接的快速回路方法简单，较经济，但快慢速度的换接不够平稳。必须注意，差动油路的换向阀和油管通道应

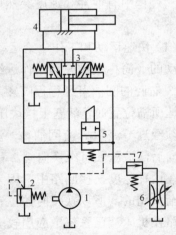

图 7-8 差动连接回路
1—液压泵 2—溢流阀 3、5—换向阀
4—液压缸 6—调速阀 7—外控顺序阀

按差动时的流量选择，否则流动液阻过大，会使液压泵的部分油从溢流阀流回油箱，速度减慢，甚至不起差动作用。

（2）双泵供油回路　这种回路利用低压大流量泵和高压小流量泵并联的方法为系统供油，如图7-9所示。图中，1为高压小流量液压泵，用以实现工作进给运动，2为低压大流量液压泵，用以实现快速运动。在快速运动时，液压泵2输出的油经单向阀4和液压泵1输出的油共同向系统供油。在工作进给时，系统压力升高，打开卸荷阀3使液压泵2卸荷，此时单向阀4关闭，由液压泵1单独向系统供油。溢流阀5控制液压泵1的供油压力，该压力是根据系统所需最大工作压力来调节的，而卸荷阀3使液压泵2在快速运动时供油，在工作进给时则卸荷，因此，它的调整压力应比快速运动时系统所需的压力高，但比溢流阀5的调整压力低。

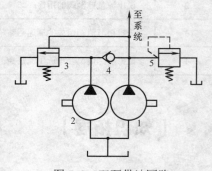

图 7-9　双泵供油回路
1、2—液压泵 3—卸荷阀 4—单向阀 5—溢流阀

双泵供油回路功率利用合理、效率高，并且速度换接较平稳，在快、慢速度相差较大的机床中应用很广泛，缺点是要用一个双联泵，油路系统也较为复杂。

2. 速度换接回路

速度换接回路用于实现运动速度的变换，即在原来设计或调节好的几种运动速度中，从一种速度转换成另一种速度。对这种回路的要求是速度换接要平稳，即不允许在速度变换的过程中有前冲（速度突然增加）现象。下面介绍几种速度换接回路的换接方法及特点。

（1）快速运动和工作进给运动的换接回路　图7-10所示是用单向行程节流阀换接快速运动的（简称快进）和工作进给运动（简称工进）的速度换接回路。在图示位置，液压缸3右腔的回油可经行程阀4和换向阀2流回油箱，使活塞快速向右运动。当快速运动到达所需位置时，活塞上挡块压下行程阀4，将其通路关闭，这时液压缸3右腔的回油就必须经过节流阀6流回油箱，活塞的运动转换为工作进给运动。当操纵换向阀2使活塞换向后，液压油可经换向阀2和单向阀5进入液压缸3右腔，使活塞快速向左退回。

在这种速度换接回路中，因为行程阀的通油路是随液压缸活塞的行程控制阀芯移动而逐渐关闭的，所以换接时的位置精度高，冲出量小，运动速度的变换也比较平稳。这种回路在机床液压系统中应用较多，它的缺点是行程阀的安装位置受一定限制（要挡铁压下），所以有时管路连接较为复杂。行程阀也可以用电磁换向阀来代替，这时电磁换向阀的安装位置不受限制（挡铁只需要压下行程开关），但其换接精度及速度变换的平稳性较差。

图7-11所示是利用液压缸本身的管路连接实现的速度换接回路。在图示位置时，活塞快速向右移动，液压缸右腔的回油经油路1和换向阀流回油箱。当活塞运动到将油路1

封闭后，液压缸右腔的回油需经节流阀 3 流回油箱，活塞则由快速运动变换为工作进给运动。

这种速度换接回路方法简单，换接较可靠，但速度换接的位置不能调整，工作行程也不能过长，以免活塞过宽，所以仅适用于工作情况固定的场合。这种回路也常用作活塞运动到达端部时的缓冲制动回路。

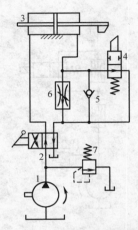

图 7-10　用行程节流阀的速度换接回路
1—液压泵　2—换向阀　3—液压缸　4—行程阀
5—单向阀　6—节流阀　7—溢流阀

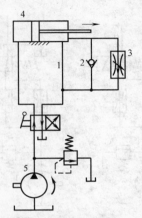

图 7-11　利用液压缸自身结构的速度换接回路
1—油路　2—单向阀　3—节流阀
4—液压缸　5—液压泵

（2）两种工作进给速度的换接回路　对于某些自动机床、注射机等，需要在自动工作循环中变换两种以上的工作进给速度，这时需要采用两种（或多种）工作进给速度的换接回路。

图 7-12 所示是两个调速阀并联以实现两种工作进给换接的回路。在图 7-12a 所示的回路中，液压泵输出的液压油经调速阀 3 和电磁阀 5 进入液压缸。当需要第二种工作进给速度时，电磁阀 5 通电，其右位接入回路，液压泵输出的液压油经调速阀 4 和电磁阀 5 进入液压缸。这种回路中，两个调速阀的节流口可以单独调节，互不影响，即第一种工作进给速度和第二种工作进给速度相互间没有限制。但一个调速阀工作时，另一个调速阀中没有油液通过，它的减压阀则处于完全打开的位置，在速度换接开始的瞬间不能起减压作用，容易出现部件突然前冲的现象。

图 7-12b 所示为另一种调速阀并联的速度换接回路。在这个回路中，两个调速阀始终处于工作状态，在由一种工作进给速度转换为另一种工作进给速度时，不会出现工作部件突然前冲的现象，因而工作可靠。但是液压系统在工作中总有一定量的油液通过不起调速作用的那个调速阀流回油箱，造成能量损失，使系统发热。

图 7-13 所示是两个调速阀串联的速度换接回路。图中液压泵输出的液压油经调速阀 3 和电磁阀 5 进入液压缸，这时的流量由调速阀 3 控制。当需要第二种工作进给速度时，阀 5 通电，其右位接入回路，则液压泵输出的液压油先经调速阀 3，再经调速阀 4 进入液

压缸，这时的流量应由调速阀 4 控制，所以这种两个调速阀串联式回路中调速阀 4 的节流口应调得比调速阀 3 小，否则调速阀 4 的速度换接回路将不起作用。这种回路在工作时调速阀 3 一直工作，它限制进入液压缸或调速阀 4 的流量，因此，在速度换接时不会使液压缸产生前冲现象，换接平稳性较好。在调速阀 4 工作时，油液需流经两个调速阀，故能量损失较大。

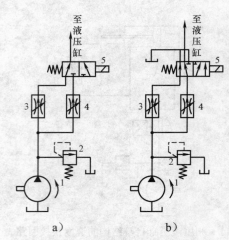

图 7-12　两个调速阀并联的速度换接回路
1—液压泵　2—溢流阀　3、4—调速阀　5—电磁阀

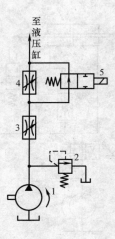

图 7-13　两个调速阀串联的速度换接回路
1—液压泵　2—溢流阀　3、4—调速阀　5—电磁阀

课　题　八

液压系统综合分析

- 🔖 活动 1　分析组合机床动力滑台液压系统
- 🔖 活动 2　分析液压压力机的液压系统

　　液压传动系统是根据液压机械设备不同的工作要求，选用适当的基本回路组成的能够完成一些特定任务的液压系统。液压系统一般用液压系统图来表示，它是用国家标准的液压元件图形符号来表示的液压系统工作原理图。

　　本课题仅介绍两个典型的液压系统，通过典型液压系统的分析，加深对液压元件、液压基本回路的理解，掌握液压系统的基本分析方法。

学习目标

学完本课题后，应具备以下能力：

1）掌握阅读液压系统图的步骤。

2）能分析 YT4543 型动力滑台液压系统。

3）能分析液压压力机液压系统。

活动1　分析组合机床动力滑台液压系统

　　组合机床是一种在制造领域中用途广泛的半自动专用机床，这种机床既可以单机使用，也可以多机配套组成加工自动线。组合机床由通用部件（动力头、动力滑台、床身、立柱等）和专用部件（专用动力箱、专用夹具等）两大类部件组成，有卧式、立式、倾斜式、多面组合式多种结构形式。组合机床具有加工精度较高、生产效率高、自动化程度高、设计制造周期短、制造成本低、通用部件能够被重复使用等诸多优点，因而被广泛应用于大批量生产的机械加工流水线或自动线中，如汽车零部件制造中的许多生产线。

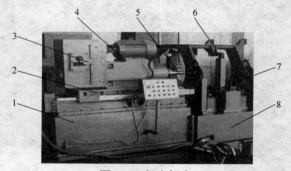

图 8-1　组合机床

1—床身　2—动力滑台　3—主轴箱　4—动力头　5—刀具
6—夹具　7—工作台　8—底座

　　如图 8-1 所示，组合机床的主运动由动力头或动力箱实现，进给运动由动力滑台的运动实现，动力滑台和动力头可与动力箱配套使用，对零件完成钻孔、扩孔、铰孔、镗孔、铣平面、拉平面或圆弧、攻螺纹等孔和平面的多种机械加工工序。它要求液压传动系统完成的进给运动是快进、第一次工作进给、第二次工作进给、限位停留、快退、原位停止，同时还要求工作稳定、效率高。

1．动力滑台液压系统回路的工作原理

图 8-2 所示为 YT4543 型动力滑台的液压系统原理图，该系统采用限压式变量泵供油、电液动换向阀换向、快进由液压缸差动连接来实现。用行程阀实现快进与工进的转换、二位二通电磁换向阀用来进行两个工进速度之间的转换，为了保证进给的尺寸精度，采用了限位停留来限位。

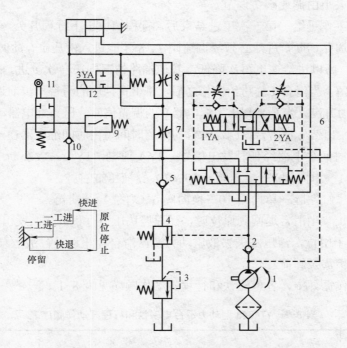

图 8-2　YT4543 型动力滑台的液压系统原理

1—液压泵　2、5、10—单向阀　3—背压阀　4—顺序阀　6、12—换向阀　7、8—调速阀　9—压力继电器　11—行程阀

通常实现的工作循环为：快进→第一次工作进给→第二次工作进给→限位停留→快退→原位停止。

下面就结合动力滑台的动作要求来分析该液压回路的工作原理。

（1）快进　按下起动按钮，电磁铁 1YA 得电，电液动换向阀 10 的先导阀阀芯向右移动从而引起主阀芯向右移，使其左位接入系统，其主油路如下。

进油路：泵 1→单向阀 2→换向阀 6（左位）→行程阀 11（下位）→液压缸左腔。

回油路：液压缸的右腔→换向阀 6（左位）→单向阀 5→行程阀 11（下位）→液压缸左腔，形成差动连接。

（2）第一次工作进给　当滑台快速运动到预定位置时，滑台上的行程挡块压下了行程阀 11 的阀芯，切断了该通道，使压力油须经调速阀 7 进入液压缸的左腔。由于油液流经调速阀，系统压力上升，打开液控顺序阀 4，此时单向阀 5 的上部压力大于下部压力，所以关闭，切断了液压缸的差动回路，回油经液控顺序阀 4 和背压阀 3 流回油箱使滑台转换为

第一次工作进给。其油路如下。

进油路：泵 1→单向阀 2→换向阀 6（左位）→调速阀 7→换向阀 12（右位）→液压缸左腔。

回油路：液压缸右腔→换向阀 6（左位）→顺序阀 4→背压阀 3→油箱。

因为工作进给时，系统压力升高，所以变量泵 1 的输油量自动减小，以适应工作进给的需要，进给量大小由调速阀 7 调节。

（3）第二次工作进给　第一次工进结束后，行程挡块压下行程开关，使 3YA 通电，二位二通换向阀将通路切断，进油必须经调速阀 7、8 才能进入液压缸，此时由于调速阀 8 的开口量小于阀 7，所以进给速度再次降低，其他油路情况同第一次工进。

（4）限位停留　当滑台工作进给完毕之后，碰上止挡块的滑台不再前进，停留在止挡块处，同时系统压力升高，当升高到压力继电器 9 的调整值时，压力继电器动作，经过时间继电器的延时，再发出信号使滑台返回，滑台的停留时间可由时间继电器在一定范围内调整。

（5）快退　时间继电器经延时发出信号，2YA 通电，1YA、3YA 断电，主油路如下。

进油路：泵 1→单向阀 2→换向阀 6（右位）→液压缸右腔。

回油路：液压缸左腔→单向阀 10→换向阀 6（右位）→油箱。

（6）原位停止　当滑台退回到原位时，行程挡块压下行程开关，发出信号，使 2YA 断电，换向阀 6 处于中位，液压缸失去液压动力源，滑台停止运动。液压泵输出的油液经换向阀 6 直接回油箱，泵卸荷。

该系统的动作循环中，各电磁铁和行程阀动作顺序见表 8-1。

表 8-1　YT4543 型动力滑台电磁铁和行程阀动作顺序表

电磁阀 行程阀	工 作 循 环					
	快进	一工进	二工进	挡块停留	快退	原位停止
1YA 通电	+	+	+	+	−	−
2YA 通电	−	−	−	−	+	−
3YA 通电	−	−	+	+	−	−
行程阀压下	−	+	+	+	+	−

注："+"表示换向阀电磁铁通电；"−"表示换向阀电磁铁断电。

2．YT4543 动力滑台液压系统的特点

1）系统采用了限压式变量叶片泵—调速阀—背压阀式的调速回路，能保证稳定的低速运动（进给速度最小可达 6.6mm/min）、较好的速度刚性和较大的调速范围（$R=100$mm）。

2）系统采用了限压式变量泵和差动连接式液压缸来实现快进，能源利用比较合理。滑台停止运动时，换向阀使液压泵在低压下卸荷，减少能量损耗。

3）系统采用了行程阀和顺序阀实现快进与工进的换接，不仅简化了电气回路，而且使动作可靠，换接精度亦比电气控制高，至于两个工进之间的换接则由于两者速度都较低，采用电磁阀完全能保证换接精度。

活动 2　分析液压压力机的液压系统

液压压力机是一种用静压力来加工金属、塑料、橡胶、粉末制品的机械，在许多工业部门得到广泛应用。压力机的种类很多，图 8-3 所示是一种四柱式液压压力机，它在 4 个主柱之间安置着上、下两个液压缸。

液压压力机的作用　要求主缸（上液压缸）驱动上滑块实现"快速下行→慢速加压→保压延时→快速回程→原位停止"的动作循环；要求顶出缸（下液压缸）驱动下滑块实现"向上顶出→停留→向下退回→原位停止"工作循环。

1. YB32—200 型液压压力机液压系统的工作原理

图 8-4 所示为 YB32—200 型液压压力机液压系统

图 8-3　YB32—200 型液压压力机

图，该系统由一高压泵供油，控制油路的液压油是经主油路由减压阀 4 减压后所得到。现以一般的定压成型压制工艺为例，说明该液压压力机液压系统的工作原理，其中液压机的上滑块的工作情况如下：

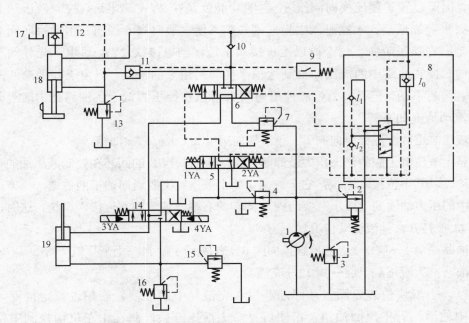

图 8-4　YB32—200 型液压压力机的液压系统

1—变量泵　2—先导溢流阀　3—直动式溢流阀　4—减压阀　5—电磁换向阀
6—液动换向阀　7—顺序阀　8—预泄换向阀组　9—压力继电器　10—单向阀　11、12—液控单向阀
13、15、16—溢流阀　14—电液动换向阀　17—充液筒　18—上液压缸　19—顶出液压缸

（1）快速下行　电磁铁 1YA 通电，作先导阀用的换向阀 5 和上缸主换向阀（液控）6 左位接入系统，液控单向阀 11 被打开，这时系统中油液流入液压缸上腔，因上滑块在自重作用下迅速下降，而液压泵的流量较小，所以液压机顶部充液筒中的油液经液控单向阀 12 也流入液压缸上腔，其油液流动情况如下。

进油路：泵 1→阀 7→上液压缸液动换向阀 6（左位）→阀 10
充液筒→阀 12
}→上液压缸上腔。

回油路：上液压缸下腔→阀 11→上液压缸换向阀 6（右位）→下液压缸电液动换向阀 14（中位）→油箱。

（2）慢速加压　上滑块在运动过程中接触到工件，这时上液压缸上腔压力升高，液控单向阀 12 关闭，加压速度便由液压泵的流量来决定，主油路的油液流动情况与快速下行时相同。

（3）保压延时　保压延时是当系统中压力升高到使压力继电器 9 起作用时，电磁铁 1YA 断电，电磁换向阀 5（作先导阀使用）和上液压缸换向阀 6 都处于中位时出现的，保压时间由时间继电器控制，可在 0～24min 内调节。保压时除了液压泵在较低压力下卸荷外，系统中没有油液流动。其卸荷油路如下。

泵 1→阀 7→上液压缸换向阀 6（中位）→下液压缸电液动换向阀 14（中位）→油箱。

（4）泄压快速返回　保压时间结束后，时间继电器发出信号，使电磁铁 2YA 通电。但为了防止保压状态向快速返回状态转变过快，在系统中引起压力冲击并使上滑块动作不平稳，因而设置了预泄换向阀组 8，它的功能就是在 2YA 通电后，控制液压油必须在上液压缸上腔卸压后，才能进入主换向阀右腔，使主换向阀 6 换向。预泄换向阀 8 的工作原理是：在保压阶段，这个阀以上位接入系统，当电磁铁 2YA 通电，先导阀右位接入系统时，控制油路中的液压油虽到达预泄换向阀组 8 的下端，但由于其上端的高压未曾泄除，阀芯不动。但是，由于液控单向阀 I_3 可以在控压力低于主油路压力时打开，所以油液流动情况如下。

上液压缸上腔→液控单向阀 I_3→预泄换向阀组 8（上位）→油箱。

于是上液压缸上腔的油液压力被卸除，预泄换向阀组 8 的阀芯在控制液压油的作用下向上移动，以其下位接入系统，它一方面切断上液压缸上腔通向油箱的通道，一方面使控制油路中的压力油输到上液压缸换向阀 6 阀芯的右端，使该阀右位接入系统。这时，液控单向阀 11 被打开，油液流动情况如下。

进油路：泵 1→阀 7→上液压缸换向阀 6（右位）→阀 11→上液压缸下腔。

回油路：上液压缸上腔→阀 12→充液筒。

所以，上滑块快速返回，从回油路进入充液筒中的油液，若超过预定位置，可从充液筒中的溢流管中流回油箱。由图可见，上液压缸换向阀在由左位切换到中位时，阀芯右端由油箱经单向阀 I_1 补油，在由右位切换到中位时，阀芯右端的油经单向阀 I_2 流向油箱。

（5）原位停止　原位停止是上滑块上升至预定高度时，挡块压下行程开关，电磁铁2YA 失电，先导阀和上液压缸换向阀均处于中位时得到的，这时上缸停止运动，液压泵在较低压力下卸荷，由于阀 11 和安全阀 13 的支承作用，上滑块悬空停止。

（6）液压压力机下滑块（顶出缸）的顶出和返回　下滑块向上顶出时，电磁铁 4YA 通电，这时的油液流动情况如下。

进油路：泵 1→阀 7→阀 6（中位）→下液压缸换向阀 14（右位）→下液压缸下腔。

回油路：下液压缸下腔→下液压缸换向阀 14（右位）→油箱。

下滑块向上移动至下液压缸下腔中活塞碰上缸盖时，便停留在这个位置上。向下退回是在电磁铁 4YA 断电、3YA 通电时发生的，这时的油液流动情况如下。

进油路：泵 1→阀 7→阀 6（中位）→下液压缸换向阀 14（左位）→下液压缸下腔。

回油路：下液压缸下腔→下液压缸换向阀 14（右位）→油箱。

原位停止是在电磁铁 3YA、4YA 均失电，下液压缸换向阀 14 处于中位时得到，系统中阀 16 为下缸安全阀，阀 15 为下缸溢流阀（起调压的作用），由它可以调整顶出压力。

液压压力机液压工作循环中，电磁铁和预泄阀动作顺序见表 8-2。

表 8-2　电磁铁和预泄阀动作顺序表

电磁铁 预泄阀	液压压力机液压工作循环								
	上滑块（上液压缸）					下滑块（下液压缸）			
	快速下行	慢速下行	保压延时	快速返回	原位停止	向上顶出	停留	返回	原位停留
1YA	+	+	-	-	-	-	-	-	-
2YA	-	-	-	+	-	-	-	-	-
预泄阀	上位	上位	上位	下位	上位	上位	上位	上位	上位
3YA	-	-	-	-	-	-	-	+	-
4YA	-	-	-	-	-	+	+	-	-

注："+"表示换向阀电磁铁通电；"-"表示换向阀电磁铁断电。

2．YB32—200 型液压压力机液压系统的特点

1）系统中使用一个轴向柱塞式高压变量泵，系统工作压力由远程溢流阀 3 调定。

2）系统中的顺序阀 7 调定压力为 2.5MPa，从而保证了液压泵的卸荷压力不致太低，也使控制油路具有一定的工作压力（>2.0MPa）。

3）系统中采用了专用的预泄换向阀组 8 来实现上滑块快速返回前的泄压，保证动作平稳，防止换向时的液压冲击和噪声。

4）系统利用管道和油液的弹性变形来保压，方法简单，但对液控换向阀和液压缸等元件密封性能要求较高。

5）系统中，上、下两缸的动作协调由两换向阀 6 和 14 的互锁来保证，一个缸必须在

另一个缸静止时才能动作。但是，在拉深操作中，为了实现"压边"这个工步，上液压缸活塞必须推着下液压缸活塞移动，这时下液压缸下腔的液压油进入下液压缸的上腔，而下液压缸下腔中的液压油则经下缸溢流阀排回油箱，这时虽两缸同时动作，但不存在动作不协调的问题。

6）系统中的两个液压缸各有一个安全阀进行过载保护。

【课题内容小结】

本课题主要讲解了液压系统的一般分析方法，可分为以下几个步骤：

1）解读液压设备对液压系统的动作要求。

2）逐步浏览整个系统，了解系统（回路）由哪些元件组成，再以各个执行元件为中心，将系统分成若干个子系统。

3）对每一个执行元件及其有关联的阀件等组成的子系统进行分析，并了解此子系统包含哪些基本回路。然后再根据此执行元件的动作要求，参照电磁线圈的动作顺序表读懂此子系统。

4）根据液压设备中各执行元件间的互锁、同步、防干扰等要求，分析各子系统之间的关系，并进一步读懂系统是如何实现这些要求的。

5）全面读懂整个系统后，最后归纳总结整个系统有哪些特点。

【课后任务】

1）请举例说明阅读液压系统图的步骤。

2）分析 YT4543 型动力滑台液压系统图，说明系统由哪些基本回路组成？各液压元件在系统中起什么作用？

通过表 8-3 进行自评。

表 8-3　学习自评表

序　号	项　　目	配　分	得　分	备　注
1	叙述分析液压回路的一般步骤	20		
2	调整系统工作压力的方法	20		
3	调整动力滑台的运动速度的方法	30		
4	调整各个液压缸的动作顺序的方法	30		

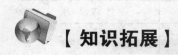
【知识拓展】

常用的液压控制阀及液压基本回路的常见故障及排除方法

引起液压系统故障的原因多种多样，有的是机械、电气等外界因素引起的，有的是液压系统中的综合因素引起的。由于液压系统是封闭的，所以不能从外部直接观察，检测也不方便。

当液压系统出现故障的时候，绝不能毫无根据地乱拆，更不能把系统中的元件全部拆下来检查。设备检修人员可采用"四觉诊断法"分析判断故障产生的部位和原因，从而决定排除故障的方法措施。

所谓四觉诊断法，即指检修人员运用触觉、视觉、听觉和嗅觉来分析判断液压系统的故障。

1）触觉即检修人员根据触觉来判断油温的高低（元件及其管道）和振动的大小。

2）视觉即观察机构运动无力、运动不稳定、泄漏和油液变色等现象，只要检修人员有一定的经验，就完全可以凭视觉的观察，做出一定的判断。

3）听觉即检修人员通过听觉，根据液压泵、液压马达的异常声响、溢流阀的尖锐响声、油管的振动等来判断噪声和振动的大小。

4）嗅觉即检修人员通过嗅觉判断油液变质、液压泵发热烧结等故障。

液压系统基本回路常见的故障分析及排除方法见表 8-4。

表 8-4　液压系统基本回路常见的故障分析及排除方法

基本回路	故障	原因分析	排除方法
压力控制回路	系统调压与溢流不正常	1. 溢流阀主阀芯卡住	1. 检查调整或修磨，使其灵活运动；清洗
		2. 溢流阀控制容腔压力不稳定	2. 远程控制管路短些、细些；设置固定阻尼孔
		3. 溢流阀远程控制油路泄漏	3. 检查，更换液压元件
	减压阀阀后压力不稳定	1. 减压阀上游压力偏低	1. 减压阀前增设单向阀；单向阀与减压阀之间还可以增设蓄能器
		2. 执行机构的负载不稳定	2. 控制负载变化范围
		3. 液压缸内外泄漏	3. 检修、更换密封元件
		4. 液压油污染	4. 检查油液污染状况，清洗减压阀
		5. 外泄油路有背压	5. 外泄油路单独接油箱
	顺序动作回路不正常工作	顺序阀选用不当	选择合适的顺序阀
		压力调定值不匹配	合理调节调定值

（续）

基本回路	故　障	原因分析	排除方法
速度控制回路	执行机构不能低速运动	1. 节流阀的节流口堵塞，导致无流量或小流量不稳定	1. 清洗或更换油液
		2. 调速阀中定差减压阀的弹簧过软	2. 更换弹簧
		3. 调速阀中减压阀卡死	3. 检查修研，清洗
	负载增加时速度显著下降	1. 泄漏随负载增加而显著增大	1. 更换密封元件
		2. 调速阀中减压阀卡死于打开的位置	2. 检查修研，清洗
		3. 油温升高	3. 设置冷却设施
	执行机构"爬行"	1. 系统进入空气	1. 排气
		2. 导轨润滑不良	2. 改善润滑条件
		3. 在进油节流调速系统中，液压缸无背压或背压力不足	3. 增加背压装置
		4. 液压泵流量脉动大	4. 更换液压泵
		5. 调速元件中的减压阀阀芯运动不灵活	5. 检查修研，清洗
方向控制回路	换向阀不换向	1. 电磁铁吸力不足	1. 检查电路电压或更换换向阀
		2. 直流电磁铁剩磁大，使阀芯不复位	2. 更换换向阀
		3. 对中弹簧轴线歪斜，使阀芯在阀内卡死	3. 检查调整或更换弹簧
		4. 滑阀拉毛，在阀体内卡死	4. 修研或更换换向阀
		5. 油液污染，堵塞滑动间隙，滑阀卡死	5. 清洗
		6. 加工误差过大，产生径向卡紧力，使滑阀卡死	6. 修配或更换
	单向阀泄漏严重，或不起单向作用	1. 锥阀与阀座密封不严	1. 修研
		2. 锥阀与阀座拉毛，密封面上有污物	2. 修研，清洗
		3. 阀芯卡死，油液反流时锥阀不能关闭	3. 检查或更换
		4. 弹簧歪斜，阀芯不能复位	4. 检查调整

课 题 九

走进气压传动的世界

- Ⓛ 活动 1　认识气压传动系统
- Ⓛ 活动 2　探讨气压传动系统的应用特点

随着工业、科技飞速的发展，气动技术的应用已涉及机械、电子、钢铁、汽车、轻工、纺织、化工、食品、军工、包装、印制等各个行业如图 9-1 所示。由于气压传动的动力传递介质是取之不尽的空气、对环境污染小，工程实现容易，所以自动化控制领域显示出强大的生命力和广阔的发展前景。

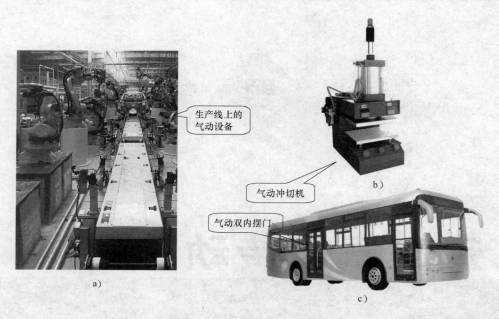

图 9-1　气压传动系统应用实例

a）自动生产线　b）气动冲切机　c）气动双内摆门

 学习目标

学完本课题应具备以下能力：

1）说出气压传动的工作原理。

2）叙述气压传动系统的特点。

3）根据需要选择气源及辅助元件。

 活动 1　认识气压传动系统

1．气压传动的工作原理及组成

图 9-2 所示为一个简单的使机罩（工作件）升、降的气压传动系统。请说一说它的工作过程。

提示：工作时，来自气源的压缩空气经过_____和_____后，进入_____的下腔，推动_____上升并通过活塞杆将_____托起；当_____换位后，气缸下腔的气体经_____排入大气，机罩在自重作用下降回原位，就此完成机罩升、降一次的工作循环。

由上述传动系统的工作过程可以看出，气压传动系统工作时要经过压力能与机械能之间的转换，其工作原理是利用空气压缩机使空气介质产生压力能，并在控制元件的控制下，把气体压力能传输给执行元件，从而使执行元件（气缸或气马达）完成直线运动或旋转运动。

气压传动系统是以压缩空气为工作介质来传递动力和控制信号的系统，它由四部分元件组成：气源装置、执行元件、控制元件和辅助元件。简单的气压传动系统如图9-3所示。

图9-2 气压传动系统
1—机罩（工作件） 2—气缸
3—节流阀 4—手动换向阀

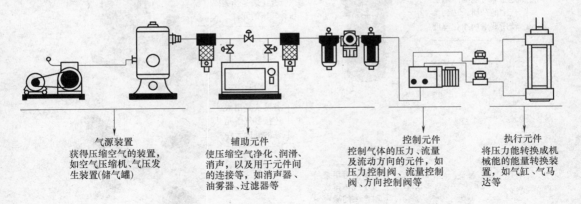

气源装置
获得压缩空气的装置，如空气压缩机、气压发生装置(储气罐)

辅助元件
使压缩空气净化、润滑、消声，以及用于元件间的连接等，如消声器、油雾器、过滤器等

控制元件
控制气体的压力、流量及流动方向的元件，如压力控制阀、流量控制阀、方向控制阀等

执行元件
将压力能转换成机械能的能量转换装置，如气缸、气马达等

图9-3 气压传动系统

2．气源装置及气动辅助元件

对空气进行压缩、干燥、净化，向各个设备提供洁净、干燥的压缩空气的装置称为空气压缩站。空气压缩站（简称空压站）是为气动设备提供压缩空气的动力源装置，是气动系统的重要组成部分。对于一个气动系统来说，一般规定排气量大于或等于 $6m^3/min$ 时，就应独立设置空气压缩站；若排气量低于 $6m^3/min$ 时，可将压缩机或气泵直接安装在主机旁。

图9-4 所示为常见的气动辅助元件，它们分别是空气压缩机、储气罐、除油器、油雾器、过滤器、消声器、气压表、管接头等。请读者通过查资料将相关元件的图形符号画在元件图形附近空白处。

空气压缩机是气动系统的动力源，是气压传动的心脏部分，它是把电动机输出的机械能转换成气体的压力能的能量转换装置

储气罐可消除压力波动，保证输出气流的稳定性；储存一定量的压缩空气，作为应急使用；进一步分离压缩空气中的水分和油分

除油器可分离压缩空气中所含的油分、水分和灰尘等杂质，使压缩空气得到初步净化

油雾器是一种特殊的注油装置。它以压缩空气为动力，将润滑油喷射成雾状并混于压缩空气中，随压缩空气进入需要润滑的部位，达到润滑气动元件的目的

过滤器可滤除压缩空气中的杂质，达到系统所要求的净化程度

气压表是检测气压的元件

管接头是用来连接各气压元件的辅助元件

消声器可用来减小气体排放时产生的噪声

图 9-4　气动辅助元件

活动 2　探讨气压传动系统的应用特点

1. 优点

1）气压传动系统的工作介质是空气，排放方便，不污染环境，经济性好。

2）空气的粘度小，便于远距离输送，能源损失小。

3）气压传动系统反应快，维护简单，不存在介质维护及补充问题，安装方便。

4）蓄能方便，可用储气筒来获得气压能。

5）工作环境适应性好，允许工作温度范围宽。

6）有过载保护功能。

2．缺点

1）由于空气具有可压缩性，因此气压传动系统的工作速度稳定性较差。

2）工作压力较低。

3）工作介质无润滑性能，需设置润滑辅助元件。

4）噪声大。

3．气压传动和液压传动的区别

气压传动和液压传动都是由若干元件组成的，都有动力元件、控制元件、执行元件及辅助元件，都是利用介质传递运动、动力和控制信号的。二者工作原理和基本回路相同，但介质不同，气压传动采用的介质是空气，液压传动采用的介质是液压油。因此，气压传动和液压传动在性能上存一定差别，见表 9-1。

表 9-1　气压传动和液压传动比较

比 较 项 目	气 压 传 动	液 压 传 动
负载变化对传动的影响	较大	较小
润滑方式	需设润滑装置	不需设润滑装置
速度反应	较快	较慢
系统构造	结构简单，制造方便	结构复杂，制造相对较难
信号传递	信号传递较易，且易实现中距离控制	信号传递较难，常用于短距离控制
环境要求	可用于易燃、易爆、冲击场合，不受温度、污染的影响，存在泄漏现象，但不污染环境	对温度、污染敏感，存在泄漏现象，且污染环境，易燃
产生的总推力	具有中等推力	能产生大推力
节能、寿命和价格	所用介质是空气，寿命长、价格低	所用介质为液压油，寿命相对较短，价格较贵
维护	维护简单	维护复杂，排除故障困难
噪声	噪声大	噪声较小

【课题内容小结】

1）气压传动的工作原理是利用空气压缩机使空气介质产生压力能，并在控制元件的控制下，把气体压力能传输给执行元件，从而使执行元件（气缸或气马达）完成直线运动或旋转运动。

2）气压传动系统由四个部分组成，分别是动力元件、执行元件、控制元件和辅助元件。

3）国家规定了各种气压传动元件的图形符号，可简化原理图，便于查找故障。

4）气压传动的工作介质是空气，经济性好，便于远距离传送，反应快，安装方便，蓄能方便，有过载保护，但空气有可压缩性，工作速度稳定性较差，工作压力低，需要设备润滑辅助元件，且噪声大。

5）由于气压传动和液压传动的工作介质不同，所以二者在性能上存在一定的差别。

 【课后任务】

想一想，哪些设备采用了气压传动方式，试着区分系统中各组成部分及作用。通过表9-2进行自评。

表9-2　学习自评表

序　号	项　目	配　分	得　分	备　注
1	叙述气压传动的工作原理	30		
2	简述气压传动系统的组成	30		
3	说出常用气压传动辅助元件的作用	20		
4	区分液压传动与气压传动的不同	20		

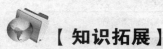 【知识拓展】

气压及其单位

在任何地表物体的表面上，由于大气的重量所产生的压力，用单位面积上所受到的力表示，称为大气压，其数值等于从单位底面积向上，一直延伸到大气上界的垂直气柱的总重量。气压是重要的气象要素之一。

在物理学中，压力和压强是不同的概念。把削尖的铅笔压在手指上，会出现一个小坑；把未削过的铅笔用相同的力压在手上，则不会出现小坑，这是为什么？二者的区别在于受力面积的不同。压强是单位面积上所受的压力。平时我们所说的大气压，实际上指的是大气压强，只不过省略了"强"字。

既然大气压指的是单位面积上气柱的重量，那么，气柱有多重呢？气柱的重量是不能直接测量到的，所以人们就用水银柱的重量来计算气柱的重量，通过实验装置将水银柱的重量与大气柱的重量相平衡。此实验是意大利科学家托里拆利在1644年设计的。托里拆利在一根约1m长的一端封口的玻璃管里注满水银，把开口的一端用姆指按住，倒立在水银槽中，当手指放开以后，管里的水银下降，但降到高度为760mm时就不再下降，这是大气压支持着水银柱的缘故。水银气压表就是根据这个原理来测量气压的。

课 题 十

学习气动元件

- 活动 1　认识气动执行元件
- 活动 2　进入气动控制阀的世界

在本课题的学习开始前请思考：有了气源装置后，应如何把气压能转换成我们所需要的机械能？

学习目标

学完本课题应具备以下能力：

1）能说出气缸的工作原理。

2）根据不同的需要选择合适的气缸。

3）了解气动控制阀的分类及特点。

- -

活动1　认识气动执行元件

气动执行元件是将压缩空气的压力能转换为机械能的装置。它包括气缸和气马达。气缸用于直线往复运动或摆动，气马达用于实现连续回转运动。

1. 气缸

气缸是气动系统的执行元件之一。与液压缸比较，它具有结构简单，制造容易，工作压力低和动作迅速等优点。

（1）气缸的分类　气缸的种类很多，结构各异，分类的方法也多，常用的有以下几种：

1）按压缩空气在活塞端面作用力的方向不同，分为单作用气缸和双作用气缸。

2）按结构特点不同，分为活塞式、薄膜式、柱塞式和摆动式气缸等。

3）按安装方式不同，分为耳座式、法兰式、轴销式、凸缘式、嵌入式和回转式气缸等。

4）按功能不同，分为普通式、缓冲式、气-液阻尼式、冲击、步进气缸等。

如图10-1所示，试着由其外形区分单作用气缸和双作用气缸，将其名称填入图下括号（双作用气缸的两腔可分别输入压缩空气，实现双向运动，单作用气缸则仅一端进气或排气，另外一端则需要外力或弹簧复位）。

（　　　　　　）　　　　　　（　　　　　　）

图10-1　单作用气缸与双作用气缸

（2）气缸的工作原理和用途 大多数气缸的工作原理和液压缸相同，下文将介绍几种特殊用途的气缸，如图 10-2 所示。

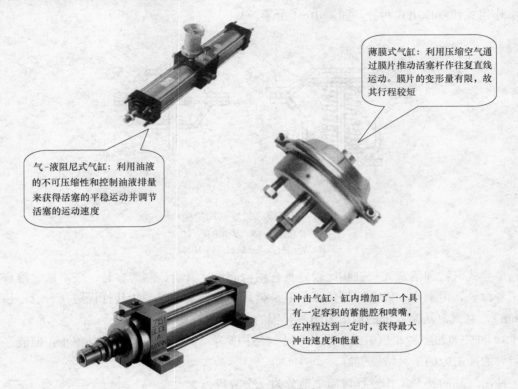

薄膜式气缸：利用压缩空气通过膜片推动活塞杆作往复直线运动。膜片的变形量有限，故其行程较短

气-液阻尼式气缸：利用油液的不可压缩性和控制油液排量来获得活塞的平稳运动并调节活塞的运动速度

冲击气缸：缸内增加了一个具有一定容积的蓄能腔和喷嘴，在冲程达到一定时，获得最大冲击速度和能量

图 10-2 几种特殊气缸

如图 10-3 所示，分析气缸的工作原理，完成填空。

1）气-液阻尼式气缸。这种气-液阻尼式气缸的结构一般是将双活塞杆缸作为油缸。因为这样可使油缸两腔的排油量相等，此时油箱内的油液只用来补充因油缸泄漏而减少的油量，一般用油杯就可以了。

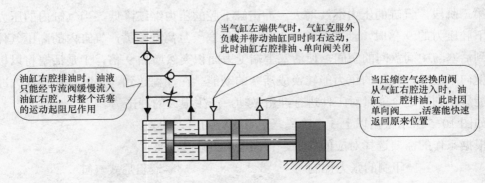

当气缸左端供气时，气缸克服外负载并带动油缸同时向右运动，此时油缸右腔排油、单向阀关闭

油缸右腔排油时，油液只能经节流阀缓慢流入油缸右腔，对整个活塞的运动起阻尼作用

当压缩空气经换向阀从气缸右腔进入时，油缸___腔排油，此时因单向阀___，活塞能快速返回原来位置

图 10-3 气-液阻尼式气缸工作原理

2）薄膜式气缸。薄膜式气缸是一种利用压缩空气通过膜片推动活塞杆作往复直线运动的气缸。它由缸体、膜片、膜盘和活塞杆等主要零件组成。其功能类似于活塞式气缸，它分单作用式和双作用式两种，如图10-4所示。

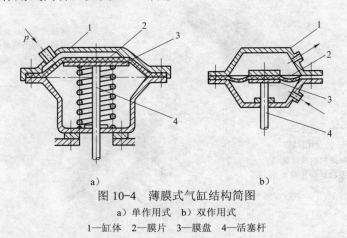

图 10-4　薄膜式气缸结构简图
a）单作用式　b）双作用式
1—缸体　2—膜片　3—膜盘　4—活塞杆

薄膜式气缸和活塞式气缸相比较，具有结构简单、紧凑、制造容易、成本低、维修方便、寿命长、泄漏小、效率高等优点。但是膜片的变形量有限，故其行程短（一般不超过50mm），且气缸活塞杆上的输出力随着行程的加大而减小。

3）冲击气缸。冲击气缸是一种体积小、结构简单、易于制造、耗气功率小，但能产生相当大的冲击力的一种特殊气缸。

冲击气缸的整个工作过程可简单地分为三个阶段。

第一阶段，压缩空气由孔 A 输入冲击缸的下腔，气缸经孔 B 排气，活塞上升并用密封垫封住喷嘴，中盖和活塞间的环形空间经排气孔与大气相通。

第二阶段，压缩空气改由孔 B 进气，输入气缸中，冲击缸下腔经孔 A 排气。由于活塞上端气压作用在面积较小的喷嘴上，而活塞下端受力面积较大（一般设计成喷嘴面积的 9 倍），缸下腔的压力虽因排气而下降，但此时活塞下端向上的作用力仍然大于活塞上端向下的作用力。

第三阶段，气缸的压力继续增大，冲击缸下腔的压力继续降低，当气缸内的压力高于活塞下腔压力的 9 倍时，活塞开始向下移动，活塞一旦离开喷嘴，气缸内的高压气体迅速充入到活塞与中间盖间的空间，使活塞上端受力面积突然增加 9 倍，于是活塞将以极大的加速度向下运动，气体的压力能转换成活塞的动能。在冲程达到一定时，获得最大冲击速度和能量，利用这个能量对工件进行冲击做功，产生很大的冲击力。

如图 10-5 所示根据以上 3 个阶段，选择对应的原理图。

根据工作的需要选择对应的气缸，将二者用线连接起来。

印刷的张力控制　　　　　　　　　　气-液阻尼式气缸

冲孔铆接　　　　　　　　　　　　　薄膜式气缸

机床的恒定进给装置　　　　　　　　冲击式气缸

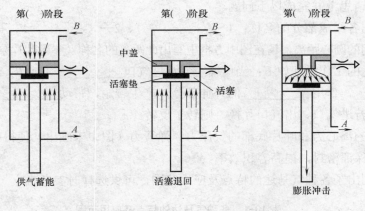

图 10-5　三个工作阶段

2．气马达

气马达也是气动执行元件的一种。它的作用相当于电动机或液压马达，即输出转矩，拖动机构作旋转运动。

（1）气马达的分类及特点　气马达按结构形式可分为叶片式气马达、活塞式气马达和齿轮式气马达等。

与液压马达相比，气马达具有以下特点：

1）工作安全。可以在易燃、易爆场所工作，同时不受高温和振动的影响。

2）可以长时间满载工作而温升较小。

3）可以无级调速。控制进气流量，就能调节气马达的转速和功率。额定转速可达到每分钟几十转到几十万转。

4）具有较高的起动转矩，可以直接带负载运动。

5）结构简单，操纵方便，维护容易，成本低。

6）输出功率相对较小，最大只有 20kW。

7）耗气量大，效率低，噪声大。

（2）气马达的工作原理　图 10-6 所示为双向旋转叶片式气马达的结构示意图。此马达主要由转子、定子和叶片组成。

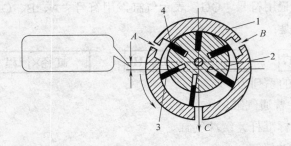

图 10-6　双向旋转的叶片式气马达

通过读图请思考并完成以下问题。

1）请写出各组成部分的名称：1—（　　　　）、2—（　　　　）、4—（　　　　）
3 为 1 和 2 之间的圆心距离，请在图中方框中写出此距离的名称（参考叶片泵结构图）。

2）气马达的工作原理如下：当压缩空气从进气口＿＿＿＿（A 或 B）进入气室后，立即喷向＿＿＿＿，作用在＿＿＿＿的外伸部分，产生转矩，带动＿＿＿＿做逆时针转动，输出机械能。若进气口、出气口互换，则转子反转。

转子转动的离心力和叶片底部的气压力、弹簧力（图中未画出）使得叶片紧贴在定子的内壁上，以保证密封，提高容积效率。

表 10-1 列出了各种气马达的特点及应用范围，可供选择时参考。

表 10-1　各种气马达的特点及应用范围

形式	转矩	速度	功率	每千瓦耗气量 $Q/m^3 \cdot min^{-1}$	特点及应用范围
叶片式	低转矩	高速度	由零点几千瓦到1.3kW	小型：1.8～2.3 大型：1.0～1.4	制造简单、结构紧凑，但低速启动转矩小，低速性能不好，适用于要求低或中功率的机械，如手提工具、复合工具传送带、升降机、泵、拖拉机等
活塞式	中高转矩	低速或中速	由零点几千瓦到1.7kW	小型：1.9～2.3 大型：1.0～1.4	在低速时有较大的功率输出和较好的转矩特性。起动准确，且起动和停止特性均较叶片式好，适用于载荷较大和要求低速转矩较高的机械，如手提工具、起重机、绞车、绞盘、拉管机等
薄膜式	高转矩	低速度	小于 1kW	1.2～1.4	适用于控制要求很精确、起动转矩极高和速度低的机械

【知识拓展】

标准化气缸

我国目前已生产出五种从结构到参数都已经标准化、系列化的气缸（简称标准化气缸）供用户优先选用，在生产过程中应尽可能使用标准化气缸，这样可使产品具有互换性，给设备的使用和维修带来方便。

1. 标准化气缸的系列和标记

标准化气缸的标记用符号"QG"表示气缸，用符号"A、B、C、D、H"表示五种系列。具体的标志方法是：

QG	A、B、C、D、H	缸径×行程

五种标准化气缸的系列为：

QGA——无缓冲普通气缸。

QGB——细杆（标准杆）缓冲气缸。

QGC——粗杆缓冲气缸。

QGD——气-液阻尼式气缸。

QGH——回转气缸。

2. 标准化气缸的主要参数

标准化气缸的主要参数是缸径 D 和行程 S。缸径标志了气缸活塞杆的输出力，行程标志了气缸的作用范围。

标准化气缸的缸径 D（单位：mm）有 11 种规格：40，50，63，80，100，125，160，200，250，320，400。

标准化气缸的行程 S 的选取方法如下：对于无缓冲气缸和气-液阻尼缸，$S=（0.5\sim2）D$；对于有缓冲气缸，$S=（1\sim10）D$。

请根据标记写出气缸的信息：

例如，标记 QG　A80×100 表示气缸的直径为 80mm，行程为 100mm 的无缓冲普通气缸。

QG B63×300 _____

QG D50×25 _____

活动 2　进入气动控制阀的世界

气动控制阀的功用、工作原理等和液压控制阀相似，仅在结构上有所不同。按功能也分为压力控制阀、流量控制阀和方向控制阀三大类。表 10-2 列出了三大类气动控制阀及其特点。

表 10-2　气动控制阀及其特点

类　别	名　称	实　物　图	图　形　符　号	特　点
压力控制阀	减压阀			调整或控制气压的变化，保持压缩空气减压后稳定在需要值，又称为调压阀。一般与分水过滤器、油雾器共组成气源处理装置（俗称气动三联件）。对低压系统则需用高精度的减压阀——定值器
	溢流阀			为保证气动回路或储气罐的安全，当压力超过某一调定值，溢流阀将实现自动向外排气，使压力回到某一调定值范围内，起过压保护作用，故也称为安全阀
	顺序阀			依靠气路中压力的作用、按调定的压力控制执行元件顺序动作或输出压力信号。与单向阀并联可组成单向顺序阀

（续）

类 别	名 称		实 物 图	图 形 符 号	特 点
流量控制阀	节流阀				通过改变阀的流通面积来实现流量调节。与单向阀并联组成单向节流阀，常用于气缸的调速和延时回路中
	排气消声节流阀				装在执行元件主控阀的排气口处，调节排入大气中气体的流量。用于调整执行元件的运动速度并降低排气噪声
方向控制阀	换向控制阀	气压控制换向阀			以气压为动力切换主阀，使气流改变流向。操作安全可靠，适用于易燃易爆、潮湿和粉尘多的场合
		电磁控制换向阀			用电磁力的作用来实现阀的切换以控制气流的流动方向。分为直动式和先导式两种 通径较大时采用先导式结构，由微型电磁铁控制气路产生先导压力，再由先导压力推动主阀阀芯实现换向，即电磁、气压复合控制
		机械控制换向阀			依靠凸轮、撞块或其他机械外力推动阀芯使其换向 多用于行程程序控制系统，作为信号阀使用，也称为行程阀
		人力控制换向阀			分为手动和脚踏两种操作方式
	单向型控制阀	单向阀			气流只能向一个方向流动而不能反向流动

（续）

类 别	名 称	实物图	图形符号	特 点
方向控制阀	单向型控制阀	梭阀		两个单向阀的组合，其作用相当于"或门"
		双压阀		两个单向阀的组合结构形式，作用相当于"与门"
		快速排气阀		常装在换向阀与气缸之间，它使气缸不通过换向阀而快速排出气体，从而加快气缸的往复运动速度，缩短工作周期

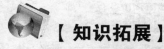 【知识拓展】

阀 岛

阀岛（Valve Terminal）是由多个电控阀构成的控制元器件，它集成了信号输入／输出及信号的控制，犹如一个控制岛屿。

阀岛（图10-7）是新一代气电一体化控制元器件，已从最初带多针接口的阀岛发展为带现场总线的阀岛，继而出现可编程阀岛及模块式阀岛。阀岛技术和现场总线技术相结合，不仅确保了电控阀布线容易，而且也大大地简化了复杂系统的调试、性能的检测和诊断及维护工作。借助现场总线高水平一体化的信息系统，使二者的优势得到充分发挥，具有广泛的应用前景。

图10-7 阀岛

1. 阀岛的分类

（1）标准阀岛 适用于阀功能多样的标准化阀作为插件或独立连接的系统中。

（2）通用阀岛 结构坚固的模块化阀岛能作为紧凑型或模块化气路板使用，适用于所有标准化任务。

（3）专用阀岛 用于特殊要求的阀岛，结构紧凑、节省空间，例如，易清洗型 CDVI 用于洁净室气动系统。

2.安装原理（图10-8）

（1）集中式安装原理　多个驱动器和多种功能结合在一起，完全受控于一个大型的阀岛。这个阀岛安装在易于装配的位置，如机器前面、机架或机器上方。气动控制回路应该只有几米的距离。

（2）分散式安装原理　使用长度很短的管路将个别功能连接到小型阀岛上。

（3）现场安装原理　复位、装载和卸载通常在机器外部发生。然而自动化机械设备或抓取系统、挡块和闸门通常位于这些功能的上游。在这种情况下，直接集成现场总线接口或总线系统（AS-i）元件的小型阀岛是理想选择。

（4）混合安装原理　单独的系统和具有特殊优势的广泛组合能以任何方式进行扩展。集中式和/或分散式原理能同时安装在一个受保护的安装空间，安装在控制柜中或控制柜安装墙面上是理想的安装方式。

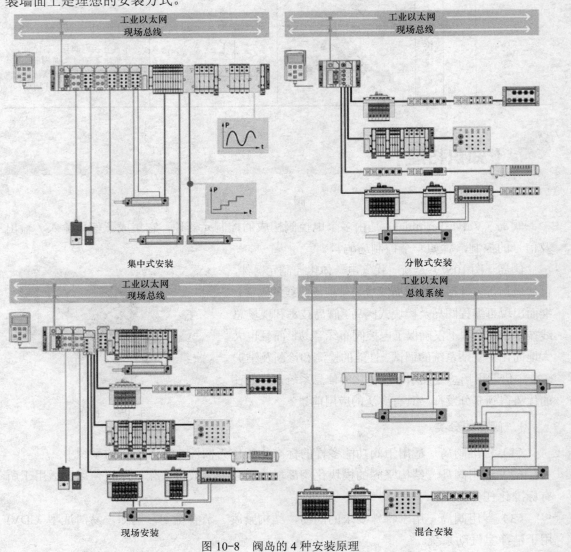

图10-8　阀岛的4种安装原理

【课题内容小结】

1）气缸是气动系统的执行元件之一，其工作原理与液压缸相同。与液压缸比较，它具有结构简单、制造容易、工作压力低和动作迅速等优点。

2）气液阻尼缸、薄膜式和冲击气缸是几种特殊气缸。

3）气压马达也是气动系统的执行元件之一，其原理与液压马达相同。

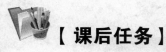

【课后任务】

想一想，气动元件和液压元件的结构有何不同？通过表 10-3 进行自评。

表 10-3　学习自评表

序　号	项　目	配　分	得　分	备　注
1	叙述气缸的工作原理	30		
2	简述气马达的工作原理	30		
3	说出气动控制阀的分类	20		
4	说出气动控制阀与液压控制阀的不同	20		

课题十一

典型气动回路

- 活动1　学习基本气动回路
- 活动2　一些气动实例
- 活动3　设计气动系统

图 11-1 所示为气动回路的典型应用，试思考其工作原理。

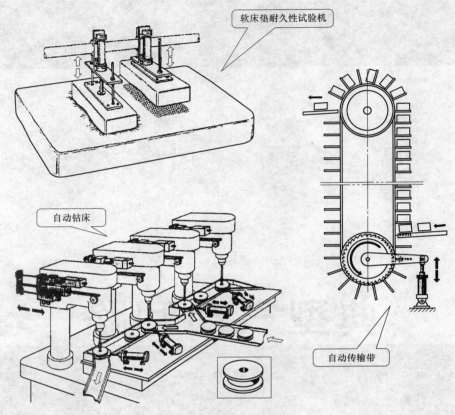

图 11-1　典型气动回路

 学习目标

学完本课题应具备以下能力：

1）掌握各种基本气动回路的功用及类型。

2）掌握设计气动系统的步骤与方法。

3）独立设计简单的气动系统。

 活动 1　学习基本气动回路

气动基本回路是气动回路的基本组成部分。复杂的气动工作系统都是由一个或多个基本回路构成的。与液压回路相比较，气动回路有自身的特点，大致可概括如下。

1）一个空气压缩机可同时向多个回路供气，而液压泵一般只供一个回路使用。

2）压缩空气在循环结束后直接排入大气，无须像液压系统一样，将油液回收进油箱。

3）空气自身润滑性能差，须另加供油润滑装置。

1. 压力控制回路

压力控制回路是使回路中的压力值保持稳定，或使回路获得高、低不同压力的回路。

（1）一次压力控制回路　图 11-2 所示为一次压力控制回路的示意图，其用于使气罐输出的气体压力稳定在一定范围内。这种回路一般在气罐上装一电触点压力表，当罐内压力超过上限时，控制继电器断电，使压缩机停止运转。当罐内压力下降至规定值时，控制继电器通电，压缩机运转。

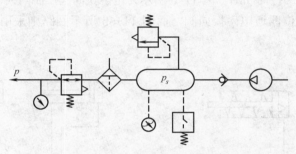

图 11-2　一次压力控制回路

（2）二次压力控制回路　二次压力控制回路是指对气动装置的气源入口处的压力调节回路。图 11-3 所示为二次压力控制回路示意图。从压缩空气站输出的压缩空气，经过空气过滤器、减压器、油雾器后供系统使用。如系统需要多种不同的工作压力，可采用图 11-3b 所示回路。

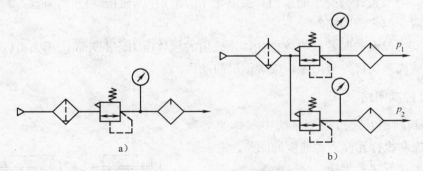

a)

b)

图 11-3　二次压力控制回路

（3）高低压转换回路　图 11-4 所示为高低压转换回路，它由两个减压阀和一个换向阀组成，可以由换向阀控制，得到高压或低压气流。若去掉换向阀，则可以同时输出两种压力。

提示：此回路可以应用在机床的夹紧装置中，实现随着切削力的改变而切换夹紧装置中压力的大小。

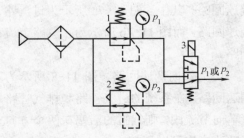

图 11-4　高低压转换回路

2．方向控制回路

方向控制回路是用来控制系统中执行元件起动、制动或改变运动方向的回路，最常见的是换向回路。

（1）单作用气缸的换向回路　图 11-5 所示为二位三通电磁换向阀控制的换向回路。当电磁铁通电时，阀工作在左位，压缩空气作用在活塞上，顶出活塞杆。当电磁铁断电时，阀工作在右位，活塞受弹簧力作用，连同活塞杆一起复位。

（2）双作用气缸的换向回路　图 11-6 所示为电磁换向阀控制的换向回路，其中图 11-6a 所示回路采用的是二位四通电磁换向阀，而图 11-6b 所示回路则采用了带定位机构的三位四通手动换向阀。

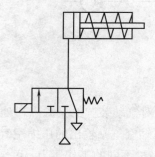

图 11-5　单作用气缸换向回路

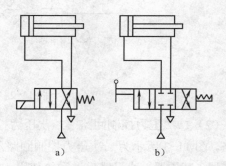

图 11-6　双作用气缸换向回路

请思考，若要设计公交车的车门开关装置，应采用以上的哪种回路为宜？若设计安全防夹装置，应如何修改回路？

提示：安全门开关时若被物体挡住，系统内的气体压力逐渐升高，那么可以用压力控制阀控制换向阀来实现安全门停止或者倒退的动作。

3．速度控制回路

速度控制回路是通过控制系统中气体的流量，达到控制执行元件运动速度的回路，常用节流阀和调速阀进行调速。

（1）单向调速回路　图 11-7 所示为单向调速回路。其中，图 11-7a 所示为进气路节流调速回路，而图 11-7b 所示为排气路节流调速回路。

（2）双向调速回路　图 11-8 所示为双向调速回路。在系统的进气管路和排气管路均放置单向节流阀，则气缸的活塞在两个方向上的运动速度均可以调整。

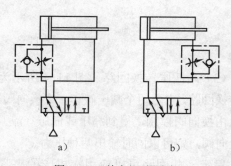

图 11-7　单向调速回路

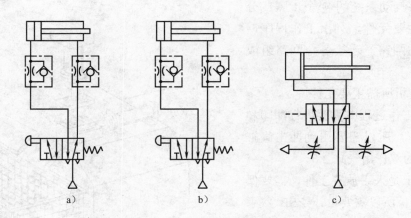

图 11-8 双向调速回路

4．缓冲回路

在执行元件到达终点时，由于惯性的存在，容易发生碰撞，产生冲击和噪声，大大影响系统运行的平稳性和元件的寿命。一般可以在系统中设置缓冲回路来避免这种情况的出现，缓冲回路的工作原理如图 11-9 所示。

提示：此种回路在机械手取料的动作中广泛应用，因为机械手取料前要快速移动，提高效率，当接近物料时要减慢速度，以免产生高速撞击。

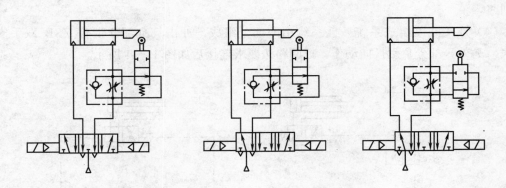

图 11-9 缓冲回路的工作原理

活动 2 一些气动实例

冲压印字机如图 11-10 所示，阀体成品上需要冲印 P、A、B 及 R 等字母标志。将阀体放置在一自握器内，气缸 1.0 (*A*) 将冲印阀体上的字母。气缸 2.0 (*B*) 推送阀体自握器落入一筐篮内。

设计该气动系统的 4 个步骤：分析所需的主要元件，列出工作程序，设计适合的回路，连接各个回路组成系统。

（1）分析所需主要元件

1）在工作过程中需要进行冲印和推送的动作，所以需要用到冲击气缸 1.0 和一般的双作用气缸 2.0。

2）由于是人手放置工件，需要保证双手安全，所以需要设计 ZSB 双手安全模块。

3）在工作过程中，冲击气缸 1.0 冲印字体后，推送气缸 2.0 才开始推送阀体，所以需要若干行程阀。

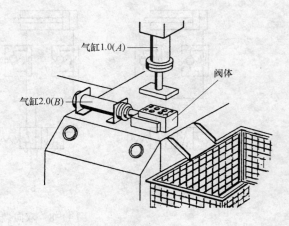

图 11-10　冲压印字机

（2）列出工作程序　工作程序如下：

放置工件→双手起动→气缸 1.0 快速伸出（冲印）→气缸 1.0 回退→气缸 2.0 伸出（推送）→气缸 2.0 回退

（3）设计适合的回路　分析可知，此冲压系统需要用到双手操作安全回路和行程阀换向回路。

（4）连接回路组成系统　此系统由两部分组成，冲击气缸部分带有 ZSB 双手安全模块，另外一部分负责换向动作。把回路按要求连接后如图 11-11 所示。

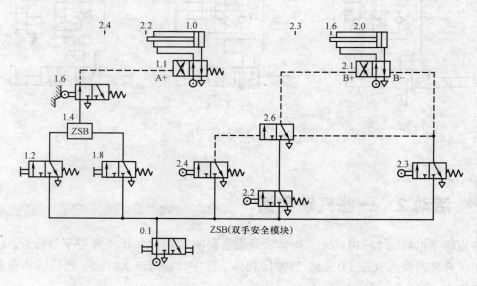

图 11-11　冲压印字机控制系统

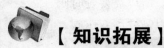

【知识拓展】

一、双手操作回路（双手安全模块）

双手操作回路（图 11-12）是安全回路的一种，此回路需要同时按下两个手动阀，才能使气缸动作。

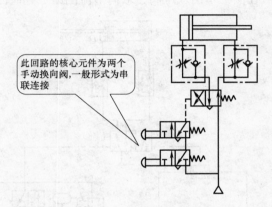

此回路的核心元件为两个手动换向阀,一般形式为串联连接

图 11-12　双手操作回路

请思考，两换向阀能否以并联的形式连接？如果可以，应如何修改回路？

插销分送机构是将插销有节奏地送入测量机中的机械，如图 11-13 所示。要求气缸 A 前向冲程时间 $t_1=0.6s$，回程时间 $t_2=0.4s$，停止在前端位置的时间 $t_3=1.0s$，一个工作循环完成后，自动连续下一循环。

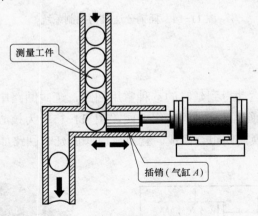

测量工件

插销（气缸 A）

图 11-13　插销分送机构

（1）分析所需主要元件

1）气缸冲程和回程都有时间要求，所以需要用两个流量控制阀。

2）在工作过程中要求气缸前冲动作后停止在前端一定时间，所以需要延时阀。

3）由于一个工作循环完成后，要求自动连续下一循环，所以需要用双压阀。

（2）列出工作程序　工作程序如下：

前向冲程→前端停止→回程→前向冲程（开始自动循环）

（3）设计适合的回路　分析可知，此分送机构需要用到双向节流回路、延时回路。

（4）连接回路，组成系统　此系统由两部分组成，冲击气缸部分带有 ZSB 双手安全模块，另外一部分起换向动作。把回路按要求连接后如图 11-14 所示。

分析回路图后，试着在图中指出双压阀、双向节流回路、延时回路。

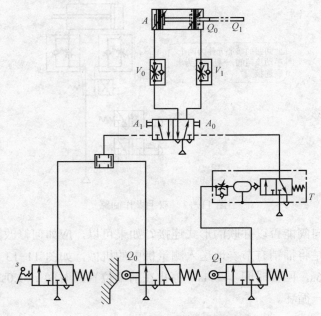

图 11-14　插销分送机构控制系统

二、延时回路

延时回路是使气缸运动得到延时的一种常用回路，延时回路中包括延时输出回路和延时退回回路。延时回路通常以延时阀（组合阀，图 11-15）为核心元件，延时阀由气罐、单向节流阀和二位三通换向阀组合而成。含有延时阀的延时回路如图 11-16 所示。

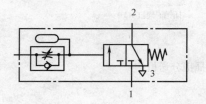

图 11-15　延时阀

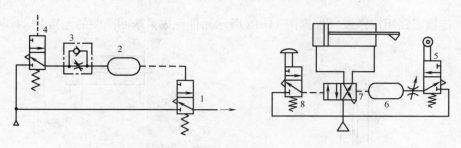

图 11-16 延时回路

 活动 3 设计气动系统

在医院中，有一些行动不便的病人需要人看护，自动调节病床为这类病人解决了难题，病人只需轻轻压下一个按钮，便桶就可以从床下自动移至合适的位置，用完后病人只需松开按钮，便桶就可以移回原位，如图 11-17 所示。

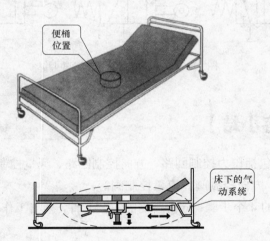

图 11-17 病床自动便桶设计

分析气动系统，并完成以下题目：

1．主要元件

1）_____

2）_____

3）_____

2．列出工作程序

_____ → _____ → _____ → _____

3．设计合理的回路

_____

4.连接回路组成系统（根据图 11-18 所示元件完成系统回路图的连接）

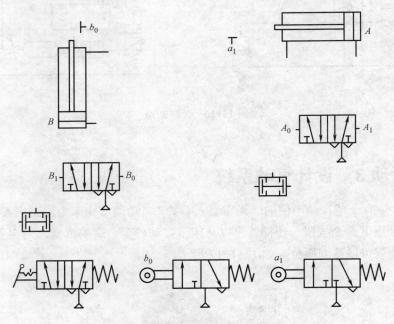

图 11-18　病床自动便桶控制回路

 【课题内容小结】

1）气动基本回路包括压力控制回路、方向控制回路、流量控制回路等，它们的核心元件分别是压力控制阀、方向控制阀和流量控制阀等。

2）设计气动系统的 4 个步骤：分析所需的主要元件，列出工作程序，设计适合的回路，连接各个回路组成系统。

 【课后任务】

通过表 11-1 进行自评。

表 11-1　学习自评表

序　号	项　　目	配　分	得　分	备　注
1	分析所需的主要元件	20		
2	列出工作程序	20		
3	设计适合的回路	20		
4	连接各个回路组成系统	40		

【知识拓展】

两种特殊回路

1. 气液联动回路

此种回路是利用液压传动的优点，改善气压传动系统速度的平稳性并增加推力，如图 11-19 所示。

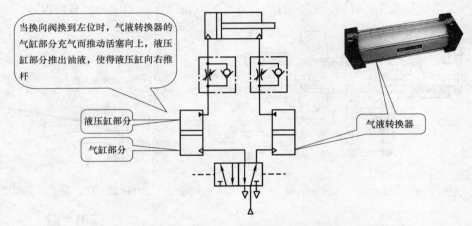

当换向阀换到左位时，气液转换器的气缸部分充气而推动活塞向上，液压缸部分推出油液，使得液压缸向右推杆

液压缸部分

气缸部分

气液转换器

图 11-19　气液转换器的速度控制回路

如图 11-20a 所示，换向阀在左位时，气缸伸出，液压缸右腔油液被压出，油液通过行程阀直接流回液压缸左腔，油液移动速度正常，缸杆伸出速度正常，实现快进。如图 11-20b 所示，当缸杆继续伸出而压下行程阀使其换向，此时液压缸右腔的油液必须通过单向节流阀的节流部分，油液移动速度减慢，缸杆伸出速度减慢，实现慢进。如图 11-20c 所示，换向阀在右位时，气缸退回，而液压缸左腔的油液被压出，直接通单向节流阀的单向阀部分，油液移动速度正常，缸杆退回速度正常，实现快退。

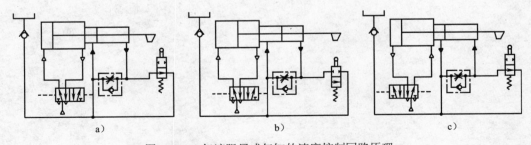

a)　　　　　　　　　　b)　　　　　　　　　　c)

图 11-20　气液阻尼式气缸的速度控制回路原理

（1）气液转换器的速度控制回路　在回路中增加气液转换器，使执行元件速度平稳，

同时容易控制。

（2）气液阻尼式气缸的速度控制回路　利用气液阻尼缸实现快进、慢进和快退调速，工作过程如图 11-20 所示。

2．真空吸附回路

利用真空泵或者真空发生器产生负压，用真空吸盘来抓取和搬运工件的回路称为真空吸附回路。

真空发生器真空吸附回路如图 11-21 至图 11-24 所示。真空发生器的工作原理是利用喷嘴高速喷射压缩空气，在喷管出口形成射流，产生卷吸流动。在卷吸作用下，喷管周围的空气不断地被抽吸走，使吸附腔内的压力降至大气压以下，形成一定真空度。

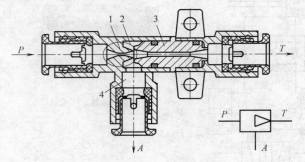

图 11-21　真空发生器

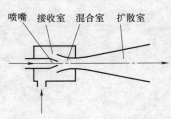

图 11-22　真空发生器工作原理

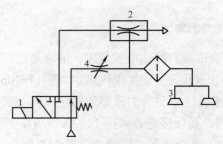

图 11-23　强制解除真空回路

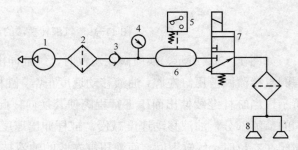

图 11-24　真空泵吸附回路

参 考 文 献

[1] 陈立群. 液压传动与气动技术[M]. 北京：中国劳动社会保障出版社，2006.

[2] 张林. 液压与气压传动技术[M]. 北京：人民邮电出版社，2008.

[3] 周晓峰. 液压传动与气动技术[M]. 北京：中国劳动社会保障出版社，2011.

[4] 王兴元. 工程机械液压与液力传动图册[M]. 北京：人民交通出版社，2008.

[5] 路甬祥. 液压与气压技术手册[M]. 北京：机械工业出版社，2003.

检
2